BestMasters

Mit „BestMasters“ zeichnet Springer die besten Masterarbeiten aus, die an renommierten Hochschulen in Deutschland, Österreich und der Schweiz entstanden sind. Die mit Höchstnote ausgezeichneten Arbeiten wurden durch Gutachter zur Veröffentlichung empfohlen und behandeln aktuelle Themen aus unterschiedlichen Fachgebieten der Naturwissenschaften, Psychologie, Technik und Wirtschaftswissenschaften.
Die Reihe wendet sich an Praktiker und Wissenschaftler gleichermaßen und soll insbesondere auch Nachwuchswissenschaftlern Orientierung geben.

Linda Brochhausen

Die Aufprägung und Vererbung der Zellpolarität

Analyse der Kernmigration anhand der Aufdeckung eines Kernkorbs aus Aktinfilamenten

Mit einem Geleitwort von Prof. Dr. Peter Nick

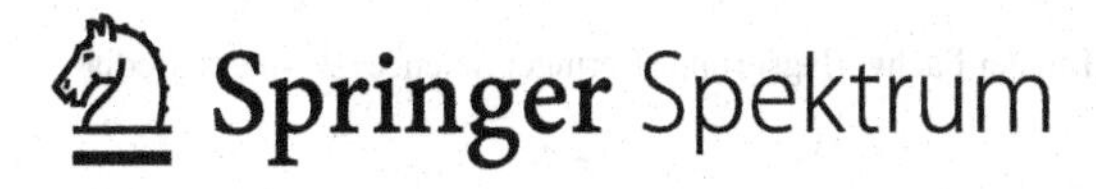

Linda Brochhausen
Karlsruher Institut für Technologie (KIT)
Deutschland

BestMasters
ISBN 978-3-658-08179-9 ISBN 978-3-658-08180-5 (eBook)
DOI 10.1007/978-3-658-08180-5

Die Deutsche Nationalbibliothek verzeichnet diese Publikation in der Deutschen Nationalbibliografie; detaillierte bibliografische Daten sind im Internet über http://dnb.d-nb.de abrufbar.

Springer Spektrum

Gedruckt auf säurefreiem und chlorfrei gebleichtem Papier

Springer Fachmedien Wiesbaden ist Teil der Fachverlagsgruppe Springer Science+Business Media
(www.springer.com)

Geleitwort

Jede einzelne Pflanzenzelle kann einen ganzen Organismus bilden. Unsere Zellen können das nicht – tierische übrigens auch nicht. Pflanzenzellen verhalten sich also wie Stammzellen, ohne dass es dazu nobelpreiswürdiger Technologien bedarf. Zentral für diese erstaunliche Bildekraft pflanzlicher Zellen (für die der Fachbegriff Totipotenz geprägt wurde) ist eine innere „Richtung" der einzelnen Zellen. Diese wird über das Zellskelett forwährend immer wieder neu eingestellt. Bei der Bildung eines neuen Organismus wird die zelluläre „Richtung" in Antwort auf chemische Schwingungen ausgerichtet. Wie entsteht aber diese „Richtung"? Warum wird sie ständig neu "hinterfragt"? Diese Fragen fordern neue Wege.

Eine entscheidende Rolle für die pflanzliche Zellpolarität spielt die Zellteilung, weil sie Symmetrie, Achse und Orientierung der neu zu bildenden Zellwand bestimmt und damit die räumlichen Bedingungen für das nachfolgende Zellwachstum festlegt. Die innere „Richtung" der einzelnen Zellen hängt mit der Orientierung des Cytoskeletts zusammen. Gleichzeitig beginnt der Zellkern vor der Teilung mit einer intensiven Bewegung, die erst nach etwa einem Tag in der Zellmitte zur Ruhe kommt. Erst wenn die Zelle solcherart „ihre Mitte" gefunden hat, kann die eigentliche Zellteilung beginnen. Wie findet nun der Zellkern die Mitte? Und wie wird die innere „Richtung" der Mutterzelle bei der Teilung an die Tochterzellen weitergegeben? Diese Fragen sind ebenso spannend wie ungeklärt.

Mithilfe von fluoreszenten Proteinen können wir inzwischen das Verhalten des Zellskeletts in lebenden Zellen in Echtzeit verfolgen. Damit lassen sich erstmals die Geheimnisse der pflanzlichen „Richtungsvererbung" lüften. In der Arbeit von Frau Brochhausen wird nun gezeigt, dass der Zellkern bei seiner intensiven Suchbewegung von einem besonderen Netzwerk aus Actinfilamenten gelenkt wird. Mithilfe einer Fusion aus einem actinbindenden Peptid (Lifeact) und dem schaltbaren fluoreszenten Protein psRFP kann dieser Actinkorb erstmals sichtbar gemacht werden. Dieser Actinkorb bleibt während der Kernteilung bestehen und wird anschließend symmetrisch auf die Tochterzellen verteilt – er scheint also das „räumliche Gedächtnis" der Zelle zu übertragen. Durch Manipulation des gerichtet durch die Zelle hindurch transportierten Pflanzenhormons Auxin lässt sich die Bewegung des Actinkorbs abbremsen. Ebenso kann die Suchbewegung des Kerns dadurch beeinflusst werden, dass der dynamische Umbau von Actin über Wirkstoffe manipuliert wird.

Wie es sich für eine richtige wissenschaftliche Untersuchung geziemt, wird im Laufe dieser Arbeit eine Erklärung entwickelt. Die zelluläre „Richtung", die in der Suchbewegung des Zellkerns sichtbar wird, hängt mit einem Gefälle der Actindynamik zusammen. Die „Muskeln der Zelle" werden also nicht in der ganzen Zelle symmetrisch auf- und abgebaut, sondern es gibt „vorne" und „hinten" unterschiedliche Aktivitäten des Actinumbaus. „Richtung" ist also keine Struktur, sondern eine Aktivität.

Diese Erklärung ist ebenso spannend wie anregend und zwingt uns dazu, unser Konzept von „Zelle" (immerhin eines der zentralen Konzepte der Biologie), neu zu überdenken. Ich freue mich daher, dass diese Arbeit durch Aufnahme in das BestMasters Programm einer breiteren Öffentlichkeit zugänglich wird und so zu weiteren Diskussion anregen kann.

Karlsruhe, September 2014

Prof. Dr. Peter Nick

Danksagung

An dieser Stelle möchte ich mich bei Professor Dr. Peter Nick für die Bereitstellung des interessanten Themas sowie die vielen Anregungen und wertvollen Ratschläge während der Masterarbeit bedanken.

Herrn Professor Dr. Martin Bastmeyer danke ich für die Übernahme der Zweitkorrektur.

Mein besonderer Dank gebührt Dr. Jan Maisch für die kompetente und engagierte Betreuung, die mich besonders motivierte. Er hat mich in allen Phasen meiner Arbeit umfassend unterstützt, sich stets Zeit genommen mir mit gutem Rat zur Seite zu stehen und zahlreiche Vorschläge eingebracht.

Ferner möchte ich mich bei allen Mitarbeitern des Botanischen Instituts I für die großzügige Hilfsbereitschaft und die angenehme Arbeitsatmosphäre bedanken. Vor allem danke ich Beatrix Zaban, Natalie Schneider und Sebastian Kühn für die Hilfe im Labor und die Durchsicht meines Manuskriptes während der Weihnachtszeit, sowie Qiong Liu und Ningning Gao für die große Hilfe bei der Transformation.

Nicht zuletzt möchte ich mich ganz herzlich bei meinen Eltern bedanken, die mir meinen Studienwunsch erfüllt und mich mit großem Interesse unterstützt haben.

Danksagung

Inhaltsverzeichnis

Zusammenfassung

In Pflanzenzellen muss der Zellkern bereits vor der Zellteilung mittels Aktinfilamenten an seine zentrale Position bewegt werden. Nach der Teilung wird die Zellpolarität an die Tochterzellen weitergegeben. Wie der Zellkern der Zelle diese Polarität aufprägt und welche Rolle dabei das den Kern umgebende Aktinnetzwerk spielt, wurde anhand der Kernwanderung untersucht.

Unter Verwendung der Tabakzelllinie BY-2 Lifeact::psRFP, in der ausschließlich eine perinukleäre Aktinsubpopulation markiert ist, welche den Kern korbartig umgibt und ein *nuclear basket* formt, wurde die Kernbewegung anhand der Lage des perinukleären Netzwerks und der Lage des Zellkerns im siebentägigen Kulturzyklus verfolgt. Ein Ziel der Masterarbeit war es, die Funktion dieser besonderen, perinukleären Aktinsubpopulation bei der Kernbewegung aufzudecken. Die Auswertungen zeigten, dass das *nuclear basket*, welches vor und nach der exponentiellen Phase mit der Zellwand verankert wird, während der Zellteilung bestehen bleibt und anschließend gleichmäßig auf die neuen Tochterzellen verteilt wird. In Zellen der G0-Phase, die sich nicht teilen und worin sich der Zellkern nur noch ungerichtet bewegte, wurde das *nuclear basket* abgebaut. Damit könnte das *nuclear basket* als „räumliches Gedächtnis" fungieren und einen Speicher für Zellpolarität darstellen. Zudem könnte es als Verankerungspunkt für die Kernbewegung und Stützstruktur des Kerns dienen, welche in tierischen Zellen von der Lamina übernommen wird.

Um die Mechanismen der Kernwanderung bezüglich Auxintransport, Aktindynamik und myosinabhängiger Prozesse zu untersuchen, wurde die Lage des *nuclear baskets* mittels Hemmstoffen manipuliert. Exogen zugeführte Auxine und Auxin-Transport-Inhibitoren (Phytotropine) verzögerten die Kernmigration, wodurch die Zellteilung sowie die Synchronisierung der Teilung beeinflusst werden könnten. Sowohl durch Zugabe von Phalloidin als auch von Myosininhibitoren wurde die prämitotische Kernbewegung beschleunigt, die postmitotische jedoch verzögert. Dies führte zu einem Modell, in dem der vom Stadium der Zelle innerhalb des Zellzyklus abhängige Mechanismus sowie der Gradient in der Aktindynamik für eine intakte Kernbewegung notwendig sind. Des Weiteren könnten die Myosininhibitoren BDM und Blebbistatin die Pflanzenmyosine VIII und XI, welche verschiedenen Aufgaben innerhalb der Zelle nachgehen, bezüglich der Kernmigration unterschiedlich stark inhibieren.

Zusammenfassung

Abstract

The present work focusses on cell polarity in plant cells and how it is linked to nuclear migration. A key event for cell polarity is cell division, gained by specific nuclear positioning via actin. By analysing the nuclear migration it is investigated how the nucleus imprints cell polarity after cell division.

To gain insight into the role of the nucleus and the surrounding actin filaments within this process a stably transformed Lifeact::psRFP overexpressing BY-2 tobacco cell line is used which unveiled a perinuclear sub-population of actin, whereas due to steric hindrance cortical and transvacuolar actin filaments were not labelled. To uncover the function of this special actin sub-population, the position of the perinuclear network as well as the position of the nucleus were followed. The results demonstrated that the perinuclear network wraps around the nuclear envelope like a nuclear basket, which is anchored to the cell wall in pre- and post-mitotic cells and persists during cell division. During cell division it is equally distributed to each new formed daughter cell. Cells remaining at the G0-Phase showed a depleted nuclear basket and non-directional nuclear movement. Therefore, the nuclear basket could potentially inherit a spatial memory and store the information for cell polarity. In addition, due to its localization around the nuclear envelope the nuclear basket could act as anchorage for nuclear movement and strengthen the nuclear structure like the nuclear lamina does in mammalian cells.

The effects on nuclear migration relating to auxin transport, actin dynamics as well as myosin dependent processes were studied through inhibitor treatment to manipulate the localization of the nuclear basket. The treatments with auxins similar to phytotropins showed a delay in nuclear migration. The phytotropins NPA and TIBA mimic the effect of auxins on nuclear migration as phytotropins block polar auxin efflux so that auxin accumulate in the cell. The delayed nuclear migration could result in impaired cell division and division synchrony. Observations after phalloidin and myosin inhibitor (BDM and blebbistatin) treatment suggest a model for nuclear migration, where a gradient of actin dynamics has to be established to pull the nucleus to the periphery of the cell and in which the mechanism of nuclear migration is related to the stadium of the cell within the cell cycle. Various effects on pre- and post-mitotic migration assume that BDM and blebbistatin inhibit class VIII and XI plant myosins differently which probably fulfil different tasks.

Abkürzungsverzeichnis

2,4-D	2,4 Dichlorphenoxyessigsäure
ABP	Aktinbindeproteine
ATP	Adenosintriphosphat
BDM	2,3- Butandionmonoxim
BY-2	Tabakzelllinie *Nicotiana tabacum* L. cv. *Bright Yellow* 2
DIC	Differentialinterferenzkontrast (differential interference contrast)
d	Tag(e) (day(s))
d H2O	Destilliertes Wasser
DMSO	Dimethylsulfoxid
EtOH	Ethanol
H+	Wasserstoff Kation (hydrogen cation)
IAA	Indol-3-essigsäure (indole-3-acetic acid)
KOH	Kaliumhydroxid
KP	Kernposition
LB	Nährmedium zur Kultivierung von Bakterien (lysogeny broth)
MS	Pflanzennährmedium (benannt nach Murashige und Skoog)
NAA	1-Naphthylessigsäure (1-naphthaleneacetic acid)
NPA	1-N-Naphthyl-Phthalamidsäure (1-naphthylphthalamic acid)
PPB	Präprophaseband
ps	photoschaltbar

RFP	Rot fluoreszierendes Protein
TIBA	2,3,5-Trijodbenzoesäure (2,3,5-triiodobenzoic acid)
SOC	Nährmedium zur Transformation kompetenter Bakterien (super optimal broth with catabolite repression)
UV	Ultraviolet

1 Einleitung

Mit der Landbesiedlung der Pflanzen vor mindestens 475 Millionen Jahren war eine der bedeutendsten Stufen der Evolution erreicht, die den Weg für unsere Entstehung ebnete. Möglich war dies nur durch die schnelle Anpassung der Pflanzen an neue Bedingungen, wie Druck und hohe UV-B Toleranz (Zimmer *et al.*, 2007). Das Klima und die Zusammensetzung der Atmosphäre änderten sich ständig. Pflanzen mussten daher schon sehr früh „lernen" sich anzupassen. Im Gegensatz zu Tieren können Pflanzen nicht vor ungünstigen Bedingungen fliehen. Dies spiegelt sich auch auf zellulärer Ebene wieder: Pflanzenzellen können aufgrund ihrer Zellwand nicht migrieren. Doch wie schon Aristoteles vor mehr als 2300 Jahren erkannte, ist in der Natur alles in Bewegung und Bewegung bedeutet Leben. Selbst das Innenleben unbeweglicher Pflanzenzellen offenbart unter dem Mikroskop ein Bild reger Bewegung. Diese läuft nicht zufällig ab, sondern wird meist gesteuert und besitzt eine Richtung. In Pflanzen muss die relative Lage einer Zelle zur anderen bereits frühzeitig festgelegt werden. Dabei trägt jede Pflanzenzelle eine Polarität in sich, die sie nach der Teilung an ihre Tochterzellen weitergibt. Wie diese Polarität etabliert und weitergegeben wird und wie die gerichtete Bewegung genau abläuft, gilt es zu verstehen.

1.1 Von Polarität in Pflanzengeweben bis zur Zellpolarität - der „Kompass", den jede Zelle in sich trägt

Hermann Vöchtings berühmtes Experiment mit abgeschnittenen Weidenzweigen zeigte bereits 1878 wie wichtig Polarität für die Entwicklung von Pflanzen ist. In feuchter Umgebung trieben am apikalen Ende Knospen, am basalen Ende Wurzeln aus. Durch Drehung des Sprosses um 180 Grad wird diese Polarität nicht gebrochen (Abb. 1-1), obwohl die Anlage für Knospen auf beiden Seiten existiert. Daraus folgerte er, dass dieses regenerative Phänomen nicht die Antwort auf einen Umweltfaktor, wie Gravitation, sein kann. Es muss eine immanente Polarität des Pflanzengewebes geben.

Abbildung 1-1 Weidenzweigversuch von H. Vöchting

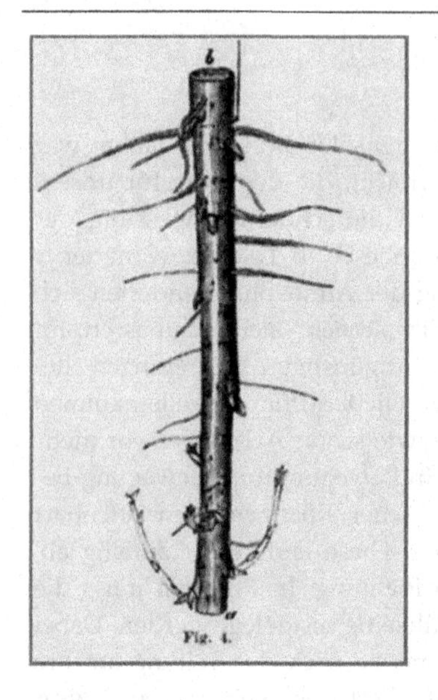

Abgeschnittener Weidenzweig invertiert an einem Seil aufgehängt. (a) apikales Ende mit Knospen, (b) basales Ende mit Wurzeln.

Mit diesem Versuch lieferte Vöchting den Beweis für Polarität in Pflanzengeweben. Die abgeschnittenen Weidenzweige haben alle die gleiche polare Regeneration, selbst wenn der Weidenzweig gedreht wird. Aus Vöchting (1878).

Der Zweig beziehungsweise die Pflanze ist in der Lage, sich an oben und unten zu „erinnern". Diese Speicherung der Polarität ist in jeder einzelnen Zelle zu beobachten. Ähnlich eines kleinen Magnets ist jede Zelle polarisiert (Zellpolarität). Zusammen bilden die Zellen die Polarität des Gewebes aus (systemische Polarität).

Die Polarität ist in jeder Zelle wie eine Art „Kompass" vorhanden. Teilt sich eine Zelle, wird die Polarität neu aufgebaut und der „Kompass" wiederhergestellt (Abb. 1-2). Dort, wo ein Zellpol von der Mutterzelle vererbt wurde, muss auf der Seite der neuen Querwand ein neuer Zellpol *de novo* generiert werden. Wie Zellpolarität manifestiert wird, ist unklar. Der Kern und seine Positionierung könnte dabei eine entscheidende Rolle spielen.

Abbildung 1-2 Zellpolarität - der „Kompass", den jede Pflanzenzelle in sich trägt

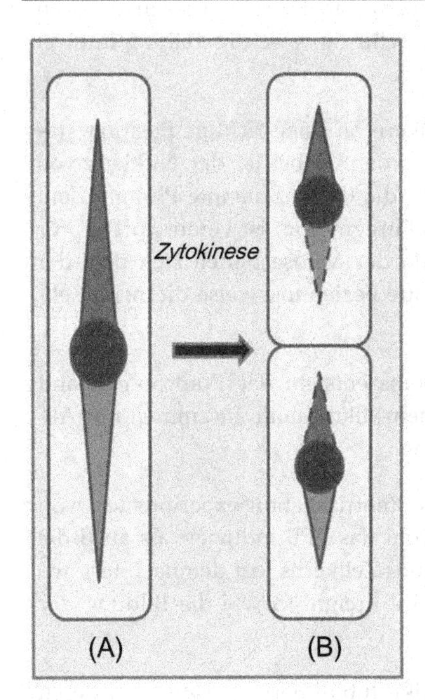

Skizze einer Zelle, die sich nach der Zytokinese in zwei gleich große Tochterzellen teilt. Die dahinterstehende Frage ist, wie die Polarität an die Tochterzelle übertragen wird. Die Zelle selbst besitzt eine Polarität (durch einen Kompass dargestellt). Nach der Zellteilung (Pfeil) wird diese an die Tochterzellen (B) weitergegeben. Ein Zellpol wird von der Mutterzelle (A) vererbt, der andere muss neu gebildet werden (gestrichelte Linie).

1.2 Die durch Aktinfilamente gesteuerte Kernwanderung ist entscheidend für die Zellpolarität

Die Zellteilung definiert Symmetrie, Achse und Orientierung einer neuen Zellwand und gleichzeitig die beginnende Etablierung der Zellpolarität in einer neuen Tochterzelle. Doch bereits vor der Bildung der neuen Zellwand ist die Kernpositionierung entscheidend für die Lage der zukünftigen Zellwand und für eine symmetrische Zellteilung.

Die Kernpositionierung findet in der Präprophase statt. Im Gegensatz zu tierischen Zellen wird bei Zellen höherer Pflanzen die Ebene der Zellteilung bereits vor der Prophase festgelegt. Die meisten ausdifferenzierten Pflanzenzellen (außer meristematische Zellen) weisen große Vakuolen auf. Diese Vakuolen drücken Zytoplasma und Kern an die Peripherie der Zelle. So wäre die Teilung in zwei gleich große Tochterzellen unmöglich.

Bevor sich die Zelle teilt, muss also der Zellkern an seine richtige Position, das heißt in das Zentrum der Zelle, verlagert werden. Dabei ist der Nukleus von einem Bereich aus Aktinfilamenten umgeben, die das sogenannte Phragmosom bilden (Lloyd, 1991; Sano *et al.*, 2005). Dieses Phragmosom ist verantwortlich für die Positionierung des Nukleus. Gegen Ende der Mitose bilden sich dort der Phragmoplast und schlussendlich die Zellplatte beziehungsweise die neue Zellwand.

Gleichzeitig mit der Bildung des Phragmosoms entsteht das Präprophaseband (PPB) gegen Ende der G2-Phase. Dabei formen Mikrotubuli zusammen mit Aktinfilamenten einen schmalen kontraktilen Ring.

Murata und Wada (1991) konnten mittels Zentrifugationsexperimenten von Farnprotonemata zeigen, dass der Kern sowohl das PPB induziert als auch die Position der Zellplatte kontrolliert. Die Lage des Zellkerns legt demnach fest, wo sich die Zelle teilt, und ist damit für zelluläre Ereignisse wie die Bildung der Zellachse und Zellpolarität entscheidend.

Neben dem Aktinzytoskelett ist auch die Mikrotubulireorientierung und deren Interaktion mit den Aktinfilamenten notwendig für die Kernbewegung und die Kernpositionierung vor der Zellteilung (Wasteneys und Galway, 2003; Collings, 2008; Klotz und Nick, 2011). Der Fokus wird in diesem Abschnitt auf Aktin gelegt, da sich die Masterarbeit auf das Aktinzytoskelett und vor allen Dingen auf eine spezielle Aktinpopulation, die den Kern umgibt, konzentriert.

1.3 Aktin - ein hochkonserviertes Protein mit vielen unterschiedlichen Aufgaben

Neben der Kernpositionierung und der Verankerung des Kerns an eine definierte intrazelluläre Position (Frey, 2010; Klotz und Nick, 2012) bewerkstelligt Aktin viele unterschiedliche Funktionen innerhalb der Zelle. Die Bestandteile des Aktinzytoskeletts werden oft auf Grund des geringen Durchmessers ihrer Filamente von 5-7 nm Mikrofilamente genannt. Die 43 kDa großen, globulären Monomere (G-Aktin) polymerisieren reversibel zu einem Filament, wovon zwei zusammen zu einer Helix gewunden das Aktinfilament (F-Aktin) bilden. Die mechanischen Eigenschaften der Aktinfilamente werden häufig mit der eines Kabels verglichen, woran man ziehen, nicht aber schieben kann (siehe Campbell und Reece, 2006).

Für Motorproteine, wie Myosin, dienen die Aktinfilamente als eine Art „Schienen". Die Kopfregion des Myosins enthält eine Aktinbindestelle und eine ATPase, wodurch die notwendige Energie für den Kraftschlag des Myosinköpfchens gewonnen wird. Die Schwanzregion besteht aus zwei schweren Ketten, die zu einer α-Helix gewunden sind (siehe Campbell und Reece, 2006). Die globuläre Schwanzdomäne definiert, so vermutet man, die Funktion des Myosins und beinhaltet die Organellenbindungsdomäne oder auch Cargo-Bindedomäne genannt (Li und Nebenführ, 2008).

Lange zweifelte man an der Existenz von Myosin in Pflanzenzellen. Nach dem Zellkonzept von Schleiden und Schwann Anfang des 19ten Jahrhunderts und den verbesserten Methoden der Mikroskopie Mitte des 19ten Jahrhunderts wurde die zytoplasmatische Strömung immer wieder in Pflanzenzellen beschrieben (Schwann, 1839; Jarosch, 1960; Kamiya, 1986; Masuda *et al.*, 1991). Die meisten Organellen eukaryotischer Zellen sind nicht fest verankert und können bewegt werden. Der Mechanismus, wie Organellen an ihren Platz positioniert, transportiert oder rotiert werden, war lange unklar.

Heute weiß man, dass diese Muskelproteine, wie in allen Eukaryoten, auch in Pflanzenzellen vorkommen (Yokota und Shimmen, 1994). Sie sind für die aktinvermittelte Bewegung unabdinglich. Die spezifische Funktion der pflanzlichen Myosine, wovon zwei Myosinklassen identifiziert sind, ist jedoch weitgehend unbekannt. Basierend auf Immunlokalisationsstudien wird vermutet, dass die Myosine der Klasse VIII an der Plasmamembran agieren (Reichelt *et al.*, 1999; Baluska *et al.*, 2001). Klasse XI Myosine sind, so wird angenommen, verantwortlich für die Organellenbewegung (Wang und Pesacreta, 2004). Sie ähneln den Klasse V Myosinen, welche die Vesikelbewegung in Hefen und tierischen Zellen lenken. Hemmstoffe wie BDM und Blebbistatin können die Myosine inhibieren, indem der Kraftschlag des Myosinköpfchens gehemmt wird (Ostap, 2002; Kovács *et al.*, 2004).

Zusammen mit Myosin ist Aktin an der Zytoplasmaströmung, Bewegung der Plastiden und anderen zytoplasmatischen Komponenten beteiligt (Shimmen *et al.*, 2000; Jeng und Welch, 2001). Außerdem ist bekannt, dass Aktin für das Spitzenwachstum von Wurzelhaaren und Pollenschläuchen verantwortlich ist (Kropf *et al.*, 1998). Wie bewältigt Aktin diese unterschiedlichsten Aufgaben innerhalb derselben Zelle?

Die Aminosäuresequenz von Aktin hat sich während der Evolution kaum verändert. Häufig sind Sequenzen verschiedener Arten zu 90 % identisch. Die meisten Organismen haben mehrere für Aktin codierende Gene. Hefen haben nur ein einziges Aktingen, höhere Eukaryoten hingegen besitzen verschiedene Aktintypen, die von verschiedenen Aktingenfamilien codiert werden. Die Aktingene der Pflanzen werden gewebespezifisch exprimiert. Doch weshalb sind die Aminosäuresequenzen von Aktin so streng konserviert, während dies auf die Sequenzen der meisten anderen Proteine des Zytoskeletts nicht zutrifft?

Viele verschiedene Proteine treten mit der gesamten Oberfläche von Aktin in Wechselwirkung. Mutationen an Aktin würden gleichzeitig einen unerwünschten Nebeneffekt auf die Wechselwirkung mit anderen Proteinen bewirken. Die Variabilität ihrer Struktur ist daher begrenzt. Stattdessen wurden im Laufe der Zeit die Bindungspartner optimiert (Hightower und Meagher, 1986; Alberts *et al.*, 2008).

Die Aktinfilamente sind besetzt mit unterschiedlichen Aktinbindeproteinen, die in der Lage sind, untereinander Komplexe zu bilden und sich gegenseitig zu beeinflussen. Durch Aktinbindeproteine, wie z. B. Filamin, können Aktinfilamente verzweigt werden. Capping-Proteine stabilisieren die Mikrofilamentstruktur. Nucleatorproteine, wie Arp 2/3, bilden eine Art Matrize, an denen sich Aktinmonomere anlagern können. Aufgrund ihrer beträchtlichen Sequenzhomologie zu den Aktinen werden sie als „actin-related proteins", kurz Arp, bezeichnet. Weitere Aktinbindeproteine, wie beispielsweise Villin, können aufgrund ihrer globulären Form Aktinfilamente in paralleler Anordnung bündeln (De Ruijter und Emons, 1998; Karp, 2005). Diese Aktinbindeproteine können sowohl die Organisation des Aktinnetzwerks als auch die Interaktion mit anderen Molekülen beeinflussen.

Das hochkonservierte Aktin kann verschiedene Aufgaben innerhalb einer Zelle nachgehen, welche es durch eine unterschiedliche Zusammensetzung von Aktinbindeproteinen an seiner Oberfläche und aufgrund einer unterschiedlichen Aktindynamik bewältigt.

Innerhalb einer Zelle sind feine Aktinkabel bis hin zu stark gebündelten filamentösen Aktinstrukturen erkennbar. Damit der Kern an seiner bestimmten Position während des Zellzyklus gehalten wird, werden stabile Aktinkabel benötigt. Kortikale Filamente müssen hingegen hochdynamisch sein, um den Vesikeltransport zu ermöglichen oder auf externe Stimuli, wie Pathogene, reagieren zu können (Qiao *et al.*, 2010). Bestimmte Hemmstoffe, wie Phalloidin, können diese Dynamik von Aktin beeinflussen und stabilisieren F-Aktin (Dancker *et al.*, 1975; Schmit und Lambert, 1990).

1.4 Auxingradienten bestimmen die Zellpolarität und Ausbildung spezifischer Muster

Die Zellpolarität hängt neben der Organisation des Zytoskeletts auch vom direktionalen Fluss bestimmter Signale ab. Pflanzenzellen überprüfen fortwährend ihre Richtung in Bezug auf die Umwelt. Als Signal dient ihnen dabei unter anderem das Phytohormon Auxin, welches zwar sehr einfach aufgebaut ist, aber an den unterschiedlichsten Funktionen, wie Zellstreckung und -teilung (Chen, 2001), Photo- und Gravitropismus (Marchant *et al.*, 1999), Apikaldominanz und Abszission während der pflanzlichen Entwicklung beteiligt ist.

Dabei bestimmen Gradienten solcher Substanzen die Ausbildung spezifischer Muster. Zu beobachten ist dieses Phänomen beispielsweise bei dem gerichteten Auxinfluss, durch welchen Zellteilungen synchronisiert werden (Maisch und Nick, 2007).

Der Auxinfluss von Zelle zu Zelle ist durch ein chemiosmotisches Modell (siehe Abbildung 1-3) beschrieben (Lomax, 1995). Auxin gelangt passiv durch die Zellmembran in die Zelle. Aufgrund des höheren pH-Werts befindet sich das deprotonierte Molekül in der Ionenfalle und muss mittels Auxin-Efflux-Carrier aktiv aus der Zelle abtransportiert werden. Diese befinden sich jedoch nur am unteren Pol der Zelle. Dadurch erfolgt der Auxinfluss unidirektional.

Sobald eine Zelle in die Mitose eintritt, wird ein Kopplungssignal ausgelöst, das die Nachbarzelle dazu veranlasst, ebenfalls die Mitose einzuleiten. Die Zellen teilen sich mehr oder weniger simultan, wodurch eine Synchronisierung der Teilungen entsteht. Das Kopplungssignal wird ebenfalls nur in eine Richtung abgegeben und hängt von der Polarität des Zellfadens ab. Dieses Kopplungssignal wiederum ist abhängig vom Auxinfluss und der Organisation der Aktinfilamente (Nick, 2006; Maisch und Nick, 2007).

Abbildung 1-3 Polarer Auxintransport

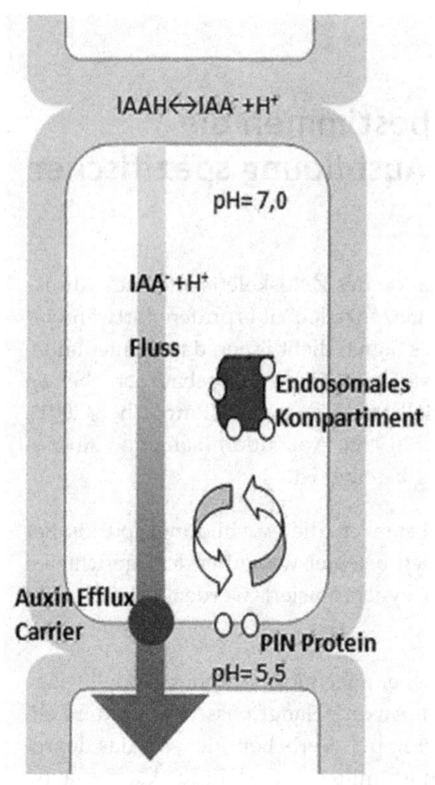

An der Zellwand (grau) herrscht ein saures Milieu, dadurch nimmt Auxin (IAA^-) ein Proton (H^+) auf und wird neutral (IAAH). Das Molekül gelangt passiv, ohne Hilfe einer Ionenpumpe, durch die Plasmamembran (dunkelgrau) in die Zelle (weiß). Innerhalb der Zelle herrscht ein höherer pH-Wert (pH=7) als außerhalb (pH=5,5), wodurch das Molekül ionisiert wird (IAA^-). Die Plasmamembran ist für Ionen weniger durchlässig als für neutrale Moleküle. Durch die Ionenfalle kann das Auxin nicht wieder selbständig hinaus diffundieren. Auxin-Efflux-Carrier (als roter Kreis dargestellt) an der unteren Seite der Zelle sorgen für den Abtransport von Auxin. Es ist bekannt, dass die PIN Proteine (pin-formed proteins) ebenfalls am Abtransport beteiligt sind (Chen, 2000); sie zirkulieren zwischen Zytosol und Membran (Steinmann, 1999).

Der Auxinfluss ist durch einen blauen Pfeil dargestellt. Skizziert nach Maisch, 2007.

Neben den Aktinbindeproteinen wirkt sich auch Auxin auf die Reorientierung von Aktin aus. Zwischen dem Auxintransport und Aktin besteht ein enger Zusammenhang: In Abwesenheit von Auxin liegen die Aktinfilamente gebündelt vor. Gibt man Auxin hinzu, so wird dieser Effekt aufgehoben und die Aktinfilamente werden entbündelt.

Die Organisation der Aktinfilamente hingegen beeinflusst wiederum den Auxinfluss: Liegen die Aktinfilamente entbündelt vor, so können die Auxin-Efflux-Carrier entlang der Mikrofilamente zum basipetalen Zellpol transportiert werden. Die Lokalisation der Efflux-Carrier wird also durch Aktin gesteuert, wodurch Auxin effizienter aus der Zelle gepumpt werden kann. Die Konzentration von Auxin in der Zelle verringert sich und die Aktinfilamente werden gebündelt. Entlang gebündelter Aktinfilamente erfolgt der Transport der Carrier nicht mehr effizient und weniger Auxin kann aus der Zelle gepumpt werden (Nick, 2010).

Durch Zugabe von Auxinen oder Hemmstoffen, die den polaren Auxintransport inhibieren, lässt sich dieser Aktin-Auxin-Oszillator und damit die Synchronisierung der Teilung beeinflussen (Campanoni *et al.*, 2003; Maisch und Nick, 2007).

1.5 Fragestellung der Masterarbeit

Jede Zelle trägt eine „Richtung" in sich. Doch wie wird diese Polarität manifestiert und an die Tochterzellen weitergeben? Es ist unklar, wie die Zelle Polarität „speichert" beziehungsweise wie sie sich an ihre Polarität „erinnert", sodass diese nach der Zellteilung teilweise neu generiert werden kann und der innere „Kompass" wiederhergestellt ist. Diese Fragen und welche Rolle der Kern und das ihn umgebende Aktinnetzwerk dabei spielen, stehen im Mittelpunkt der Masterarbeit und werden anhand der Untersuchung der Kernwanderung bearbeitet.

Bereits vor der Zellteilung und Bildung der Zellwand wird der Kern mittels Aktinfilamenten an eine definierte, intrazelluläre Position bewegt und verankert. Mit einer transgenen Linie (siehe 1.5.2), bei der ausschließlich Aktin um den Kern fluoreszent markiert ist, ist es möglich, diese aktinabhängige Kernbewegung zu beobachten. Im Fokus steht daher im ersten Teil der Masterarbeit die Untersuchung der Lage dieser perinukleär markierten Aktinpopulation (Signalposition) und der Lage des Zellkerns (Kernposition) an unterschiedlichen Tagen im Kulturzyklus.

Aus vorherigen Arbeiten war diese Subpopulation von Aktin, welche korbartig den Kern umgibt und ein *nuclear basket* formt, bekannt (Durst *et al.*, 2014). Bisher ungeklärt ist, was mit diesem *nuclear basket* während der Zellteilung geschieht. Löst es sich teilweise auf oder wird ein Zug auf das Netzwerk ausgeübt? Mit Hilfe von Langzeitstudien kann der Frage nachgegangen werden, wie sich das perinukleäre Netzwerk während der Zellteilung reorientiert.

Der Zellkern und seine Positionierung sind für die Bildung der Zellachse und Zellpolarität entscheidend. Um den Kern z. B. vor der Zellteilung an eine neue Position zu bewegen, müssen Verankerungspunkte um den Nukleus vorhanden sein. In tierischen Zellen liegt der Zellkern umhüllt von einem Netz aus Intermediärfilamenten vor. Sie erstrecken sich bis zur Plasmamembran und halten so den Zellkern an seinem Platz. In Pflanzenzellen sind bisher keine Intermediärfilamente nachgewiesen. Wie wird der pflanzliche Zellkern in das Zellzentrum vor der Zellteilung und wie aus dem Zentrum an die Peripherie nach der Zellteilung bewegt? Übernimmt möglicherweise das perinukleäre Aktin bei Pflanzenzellen diese Funktion?

Indem das *nuclear basket* durch verschiedene Hemmstoffe manipuliert wird, kann der Frage nachgegangen werden, welchen Einfluss die Hemmstoffe auf den Mechanismus der Kernwanderung haben und welche Funktion das *nuclear basket* hat. Die Zellpolarität wird neben der Organisation des Aktinzytoskeletts durch den direktionalen Fluss von Auxin aufrechterhalten. Welche Effekte können durch zusätzliche Auxinzugabe bzw. die Störung des polaren Auxinflusses auf die Organisation des *nuclear baskets* beobachtet werden? Wie wird die Kernbewegung beeinflusst, wenn die Aktindynamik durch Phalloidin beeinträchtigt ist? Durch Myosininhibitoren, wie BDM und Blebbistatin, kann untersucht werden, welche Rolle das Aktin-Myosin-System bei der Kernbewegung spielt.

Die Signale, welche die Polarität nach der Zellteilung neu bilden und der Zelle aufprägen, sind bislang nicht identifiziert worden. Ist das *nuclear basket* an der Speicherung und Wiederherstellung der Polarität beteiligt?

1.6 Die transgene BY-2 Lifeact::psRFP Zelllinie zur Beobachtung des perinukleären Aktinnetzwerks während der Kernwanderung

Das den Kern umgebende Aktin könnte für die Kernwanderung und für die Neubildung der Zellpolarität nach der Zellteilung von großer Bedeutung sein. Für die Fragestellung der Arbeit war es somit wichtig mit einer Zelllinie zu arbeiten, bei der nur eine spezielle Aktinpopulation um den Kern sichtbar ist. Daher wurde die BY-2 Lifeact::psRFP Linie verwendet.

Forscher des Max-Planck-Institutes für Biochemie und Neurobiologie entwickelten im Jahr 2008 einen neuartigen Marker namens Lifeact (Riedel *et al.*, 2008), welcher ein Peptid aus nur 17 Aminosäuren und damit einer der kleinsten

Aktinmarker ist. In Fusion mit einem fluoreszierenden Protein markiert er F-Aktin in eukaryotischen Zellen. Ausgangspunkt war das Aktinbindeprotein (Abp) 140 aus der Backhefe *Saccharomyces cerevisiae*. Es konnte gezeigt werden, dass allein die ersten 17 Aminosäuren des Abp 140 ausreichend sind, um Aktin zu binden.

Auf Grund seiner geringen Größe weist Lifeact keinen negativen Einfluss auf die Aktinpolymerisierung und -depolymerisierung auf. Eine toxische Wirkung ist ebenfalls nicht festzustellen. Ein weiterer bedeutender Vorteil ist das weitgehende Fehlen von homologen Sequenzen in höheren Eukaryoten, wodurch das Konkurrieren mit endogenen Proteinen reduziert wird (Riedel *et al.*, 2008).

Als fluoreszenter Marker wurde an Lifeact ein photoschaltbares rot-fluoreszierendes Protein (psRFP) fusioniert (Fuchs, 2011). Photoschaltbare Proteine können mit ihrem Anregungslicht reversibel angeschaltet werden. Durch Licht einer bestimmten Wellenlänge macht das Chromophor eine Konformationsänderung durch. Bei dieser Cis-Trans-Isomerisation stellt die trans-Konformation den stark fluoreszierenden „An"-Zustand und die cis-Konformation den nicht fluoreszierenden „Aus"-Zustand dar (Andresen *et al.*, 2005; Shaner *et al.*, 2007).

Bei psRFP handelt es sich um ein Tetramer (Abb. 1-4), das ursprünglich aus der europäischen Seeanemone *Anemonia sulcata* isoliert wurde (Gundel *et al.*, 2009). Ein großer Vorteil bei fluoreszenzmikroskopischen Untersuchungen besteht darin, dass das psRFP-Signal sehr stabil ist und auch bei Langzeitaufnahmen über mehrere Tage hinweg nicht ausbleicht.

Abbildung 1-4 Das photoschaltbare rot-fluoreszierende Protein psRFP im „An"-Zustand

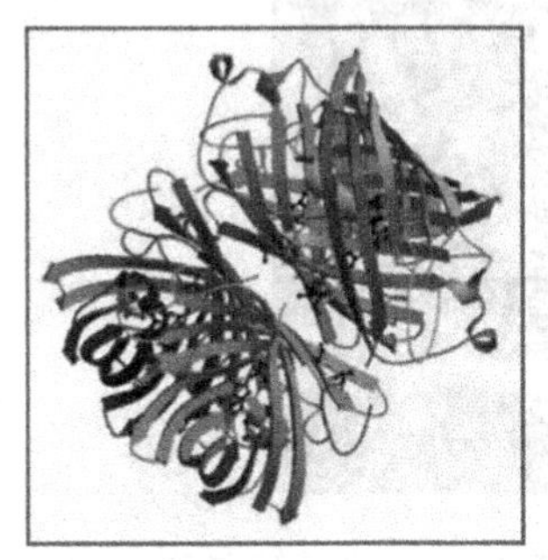

Durch Licht der Wellenlänge 561 nm macht das Tetramer eine Konformationsänderung von trans- zur cis-Konformation durch. Die Auflösung beträgt 1,8 Å.

Aus RCSB Protein Data Bank, mit Jmol von EMBL betrachtet (3CFF, http://www.rcsb.org/pdb/, November, 2013).

Untersuchungen mit dem Lifeact::psRFP Marker in *Nicotiana tabacum* BY-2 Zellen zeigten aufgrund seiner spezifischen Bindung eine weitere Besonderheit, die für die Fragestellung dieser Arbeit von großer Bedeutung ist: Er bindet lediglich an einer Subpopulation von Aktin, die rund um den Nukleus lokalisiert ist (Abb. 1-5 A2, S.12). Kolokalisationsstudien mit Alexa Fluor® 488 Phalloidin zeigten, dass es sich tatsächlich um Aktin handeln muss (Abb. 1-5 A3). Andere Aktinpopulationen sind vorhanden, werden jedoch nicht von Lifeact::psRFP gebunden (Abb. 1-5 A1). Das Aktinnetzwerk bildet um den Nukleus eine Art Korb. Dieses *nuclear basket* besteht aus feinen Aktinfilamenten, die y-förmig verzweigt sind (Abb. 1-5 B und C).

Abbildung 1-5 Visualisierung der Aktinfilamente von BY-2 Lifeact::psRFP Zellen durch stabil exprimiertes Lifeact::psRFP bzw. Alexa Fluor ® 488 Phalloidin

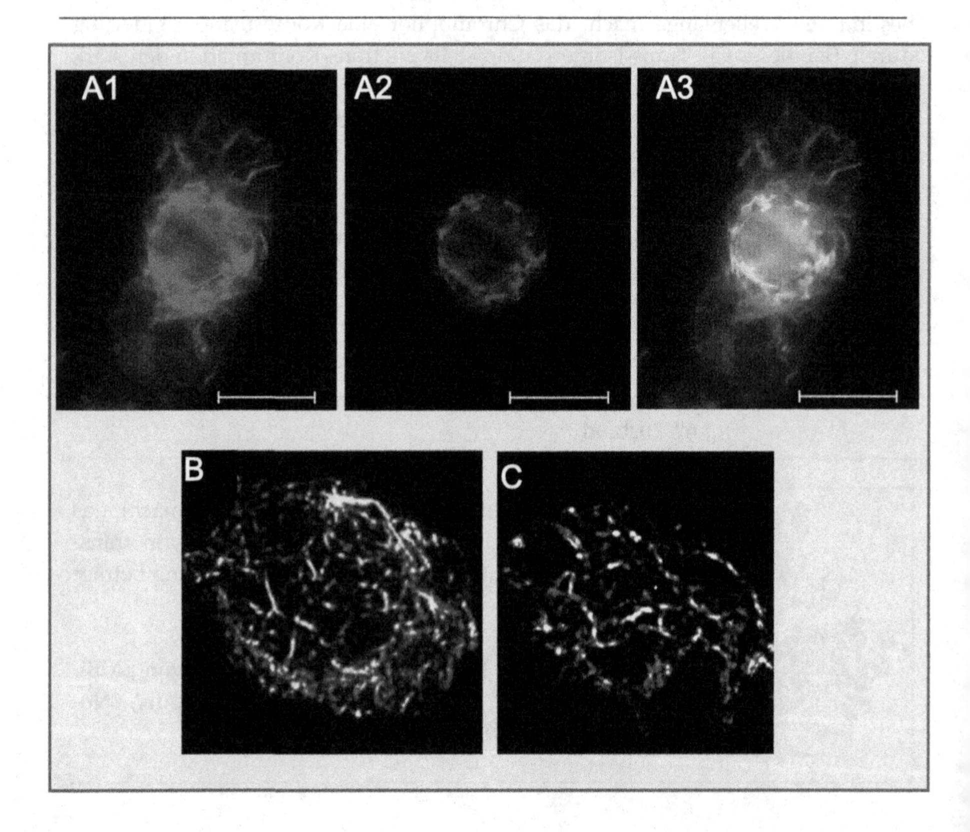

(A1)-(A3) Lifeact::psRFP Zelle; grüner Kanal: Alexa Fluor® 488 Phalloidin (A1); roter Kanal: Lifeact::psRFP (A2); (A3) Überlagerung von (A1) und (A2), das gelbe Signal kennzeichnet die Kolokalisation. Maßstabsbalken: 20 µm. (B) und (C) Hochauflösende PALM (photoactivated localization microscopy) Bildprojektion des *nuclear baskets* von BY-2 Lifeact::psRFP Zellen. Das feine Aktinnetzwerk ist y-förmig verzweigt und ausschließlich nur um den Kern zu beobachten. Maßstabsbalken in (B): 3 µm, in (C): 2 µm. Aus Durst *et al.*, 2014.

Durch den Einsatz dieses Aktinmarkers ist es erstmals möglich, die Funktion des ausschließlich perinukleären Aktinnetzwerks während der Kernwanderung zu untersuchen.

2 Material und Methoden

2.1 Zellkultur

Gearbeitet wurde mit der Tabakzelllinie BY-2 (*Nicotiana tabacum* L. cv. *Bright Yellow* 2, Nagata *et al.*, 1992). Die BY-2-Zelllinie wurde in 100 ml Erlenmeyerkolben mit 30 ml Medium, welches 4,3 g/l Murashige und Skoog Salze (Duchefa Biochemie, Haarlem, Niederlande) (Murashige und Skoog, 1962), 30 g/l Saccharose, 200 mg/l KH_2PO_4, 100 mg/l (myo)-Inositol, 1 mg/l Thiamin und 0,2 mg/l 2,4-Dichlorphenoxyessigsäure enthielt, kultiviert. Der potentia Hydrogenii (pH) wurde auf 5,8 mit KOH eingestellt. Zur gleichmäßigen Nährstoffverteilung im Medium und um ein Absetzen der Zellen zu vermeiden, wurde die Linie unter ständigem Schütteln mit Hilfe eines KS260 Orbitalschüttlers (IKA Labortechnik, Staufen, Deutschland) mit 150 rpm bei 27 °C im Dunkeln kultiviert. Alle sieben Tage wurden die Zellen unter der Laminar-Flow Sterilbank (Hera guard Thermo scientific, Heraeus, Hanau, Deutschland) in frisches Medium umgesetzt. Dafür wurde 1 ml der Wildtyp-Zellkultur beziehungsweise 1,5 ml der Lifeact::psRFP Kultur in einen 100 ml Erlenmeyerkolben mit 30 ml MS-Medium überführt. Zur BY-2 Lifeact::psRFP Zelllinie wurde als Selektionsmarker 30 µg/ml Hygromycin hinzugegeben. Beim Pipettieren der Zelllinien wurde ausschließlich mit geschnittenen Pipettenspitzen gearbeitet, um Scherkräfte zu vermeiden.

Zwecks Langzeitstudien und Momentaufnahmen wurde täglich 1 ml Zellsuspension der Lifeact::psRFP Kultur in ein 1,5 ml Reaktionsgefäß steril überführt. Ab Tag drei des Kulturzyklus wurden auf Grund der hohen Zelldichte nur 200 µl Zellkultur in ein mit 800 µl MS-Medium beschicktes Reaktionsgefäß pipettiert (1:5 Verdünnung) und für die mikroskopische Analyse verwendet.

2.2 Transformation

Der Vektor pH7WG2-LA-psRFP wurde zu Beginn der Arbeit von Steffen Durst bereitgestellt. Zur Klonierung wurde die Gateway-Klonierungsmethode von Invitrogen (Paisley, UK) gewählt (siehe Durst, 2012).

2.2.1 Elektroporation

Es wurde der elektrokompetente *Agrobacterium tumefaciens* Stamm GC3101::pM90 verwendet. Vor der Elektroporation wurden die in YEB-Medium (5 g/l Rinderextrakt, 1 g/l Hefeextrakt, 5 g/l Peptone, 5 g/l Saccharose, 0,5 g/l $MgCl_2$) gewachsenen Agrobakterien mit einer OD 560 = 1 in einem 50 ml Plastikgefäß mit 450 rpm bei 4 °C 10 min abzentrifugiert (Hermle Z383, Hermle LaborTechnik, Wehlingen, Deutschland). Anschließend wurde dreimal mit sterilem, kaltem Glycerin (10 %) gewaschen. In 8 ml 10 % Glycerin aliquotiert und in flüssigem Stickstoff schockgefroren, konnten die Zellen bei – 80 °C gelagert werden.

Zu 100 µl elektrokompetenten Zellen wurden 100 - 200 ng auf Eis aufgetautes Lifeact::psRFP Plasmid gegeben, 15 min auf Eis inkubiert und anschließend in eine vorgekühlte Elektroporationsküvette (2 mm) überführt. Der elektrische Schock zur Öffnung der Membran erfolgte mit dem Gene Pulser Xcell™ von Biorad (Hercules, Kalifornien, USA) mit einer Spannung von 2,5 kV und einem Widerstand von 200 Ω für 5 ms. Anschließend wurden die Zellen in 400 µl SOC-Medium (5 g/l Hefeextrakt, 20 g/l Trypton , 10 mM Natriumchlorid, 2,5 mM Kaliumchlorid, 10 mM Magnesiumchlorid, 10 mM Magnesiumsulfat, 20 mM Glucose) aufgenommen und in ein 1,5 ml Reaktionsgefäß überführt. Die Zellen wurden danach 1,5 Stunden bei 28 °C mit 500-600 rpm inkubiert (Heraeus™ Pico™17, Thermo Scientific, Waltham, MA, USA).

2.2.2 Kultivierung

2.2.2.1 Kultivierung der transformierten Agrobakterien

Nach 1,5 Stunden Inkubation der Agrobakterien mit dem Lifeact::psRFP Plasmid im SOC Medium wurden 100 µl des Transformationsansatzes auf selektive LB-Platten (1 % Trypton, 0,5 % NaCl, 0,5 % Hefeextrakt, 2 % Agar) mit Spectinomycin (100 µg/ml) ausplattiert, mit Folie (Parafilm®M, Bemis Company Inc., Neehna WI, USA) verschlossen und zwei Tage bei 28 °C inkubiert (Heraeus, Hanau, Deutschland). So konnten nur Bakterien wachsen, die das Plasmid mit dem Spectinomycinresistenzgen aufgenommen hatten. Nach zwei Tagen Bakterienwachstum wurde eine Kolonie gepickt, in 10 ml frisch angesetztes LB-Medium (LB-Medium ohne Glucose mit 100 µg/ml Spectinomycin) überführt und anschließend bei 28 °C und 140 rpm über Nacht inkubiert (G24 Environmental incubator shaker, New Brunshwich, NJ, USA). Am nächsten Tag wurde zu 1 ml der Agrobakterienkultur 5 ml frisch angesetztes LB-Medium (ohne Glucose mit 100 µg/ml Spectinomycin) hinzugegeben. Nach weiteren vier Stunden Inkubation wurde 1 ml des Ansatzes in ein 1,5 ml Reaktionsgefäß überführt und für 1 min bei 10 000 rpm zentrifugiert (Hermle Z383, Hermle LaborTechnik, Wehlingen, Deutschland). Anschließend wurde der Überstand verworfen und der Niederschlag in 30 µl Paul's Medium (4,3 g/l MS-Salze mit 1 % Saccharose, pH 5,8 mit KOH) resuspendiert.

2.2.2.2 Kultivierung der Tabakzellen

Zunächst wurden 8 ml einer sieben Tage alten Tabak BY-2 Kultur in eine sterile 300 ml Flasche mit 92 ml MS-Medium umgesetzt. Nachdem die Zellen drei Tage wie unter 2.1 beschrieben gewachsen sind, wurden nach der TAMBY2-Methode von Buschmann *et al.*, (2010) 50 ml der Zellkultur mit 200 ml sterilem Paul's Medium zweimal gewaschen. Nach Absetzen der Zellen wurden diese anschließend in einem 10 ml Endvolumen mit Paul's Medium resuspendiert.

2.2.3 Kokultivierung, Selektion und Etablierung der transgenen Suspensionskultur

Um die Bakterien mit den Pflanzenzellen zu vermischen, wurden 1 ml der drei Tage alten Tabakkultur (aus 2.2.2.2) zu den Agrobakterien gegeben und 5 min bei 100 rpm gemischt (Infors HT, Bottmingen, Schweiz). Danach wurden 2 ml der Suspension kreisförmig in 100 µl Tropfen auf Filterpapier auf Paul's Agar-Platten (0,8 % Agar) ohne Antibiotika gebracht, mit Verschlussfolie (Parafilm®M, Bemis Company Inc., Neehna WI, USA) versehen und bei 22 °C im Dunkeln inkubiert. Drei Tage später wurde die Transformationsrate mikroskopisch untersucht und das Filterpapier mitsamt Suspension auf MS-Agar-Platten (0,8 % Agar) mit 300 µg/ml Cefotaxim und 45 µg/ml Hygromycin übertragen. Einzig die transformierten BY-2 Kalli, die resistent gegen Hygromycin sind, sind in der Lage zu wachsen. Nach zwei Wochen Inkubation bei 27 °C im Dunkeln wurden die Transformanten mikroskopisch überprüft (AxioObserver.Z1, Zeiss Jena, Deutschland), indem die Zellen von der Agarplatte abgekratzt und auf einem Objektträger mit wenigen Tropfen frischem Kulturmedium vermischt wurden. Die Kalli wurden anschließend mit einem sterilen Spatel auf neue Platten mit 300 µg/ml Cefotaxim und 45 µg/ml Hygromycin ohne Filterpapier übertragen (Abb. 2-1).

Abbildung 2-1 Kalli der transgenen Tabakkultur Lifeact::psRFP kultiviert auf MS-Platten (0,8 % Agar)

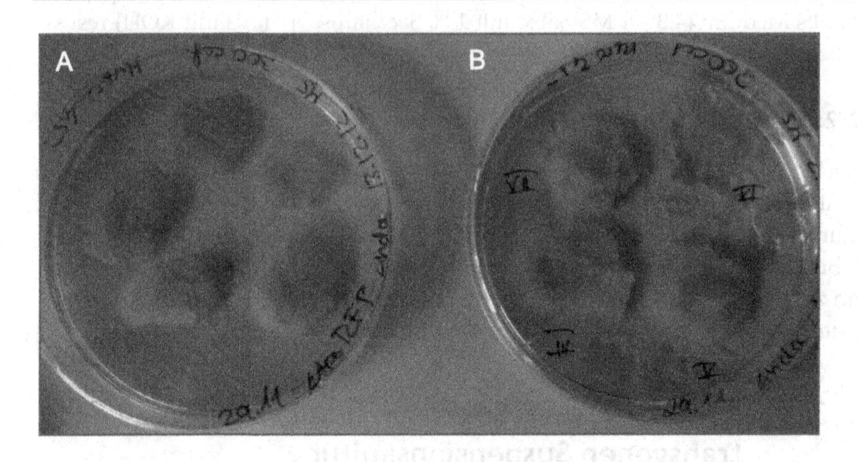

(A) 18 Tage alte Kalli, die noch zu klein sind, um in Flüssigmedium anzuwachsen. (B) 25 Tage alte Kalli, deren Oberfläche teilweise mit einem Spatel abgekratzt (IV, V, VII) oder die gänzlich zur Subkultivierung entfernt wurden (VI).

Nachdem die Kalli eine gewisse Größe (>2,5 cm) (siehe Abb. 2-1 B) erreicht hatten, wurde die Fluoreszenzintensität der transformierten Zellen abermals überprüft. Anschließend wurde die Oberfläche der Kalli mit einem sterilen Spatel abgekratzt (Abb. 2-1 B IV, V, VII), beziehungsweise der gesamte Kallus entfernt (Abb. 2.1 B VI) und in ein 100 ml Erlenmeyerkolben mit 30 ml MS-Medium, 30 µg/ml Hygromycin und 100 µg/ml Cefotaxim überführt. Nach sieben Tagen wurde der Transformationserfolg hinsichtlich Transformationsrate und Zellviabilität untersucht.

Kalli, die noch zu klein waren (siehe Abb. 2-1 A), wurden zur Weiterkultivierung auf neue MS-Platten mit 300 µg/ml Cefotaxim und 45 µg/ml Hygromycin gesetzt, um Nährstoffmangel zu verhindern.

2.3 Manipulation des *nuclear baskets* anhand von Hemmstoffexperimenten

Die Hemmstoffe wurden jeweils am Tag des Umsetzens (Subkultivierung nach sieben Tagen) dem Kulturmedium zugegeben. Tabelle 2-1 zeigt die eingesetzten Hemmstoffe, deren verwendeten Stammlösungen und Endkonzentrationen. Die Hemmstoffe wurden in drei Hemmstoffgruppen unterteilt: die erste Hemmstoffgruppe stellen die Auxine und Phytotropine dar (Tab. 2-1 rot bis gelb markiert, schwarz hinterlegt), die zweite Gruppe beeinflusst die Aktindynamik (Tab.2-1 grün markiert, hellgrau hinterlegt), die letzte Gruppe bilden die Myosininhibitoren (Tab. 2-1 blau markiert, weiß hinterlegt). Alle Hemmstoffe wurden von Sigma-Aldrich (Steinheim, Deutschland) bezogen.

Tabelle 2-1 Übersicht der verwendeten Hemmstoffe

Hemmstoff-gruppe	Hemmstoff	Konzentration	Stammlösung
1| Auxine und Phytotropine	1-Naphtyhl-essigsäure (NAA)	10 µM	10 mg/ml in 70 % Ethanol
	2,4-Dichlor-phenoxy-essigsäure (2,4-D)	10 µM	10 mg/ml in 70 % EtOH
	Indol-3-Essigsäure (IAA)	10 µM	100 mM in 70 % EtOH
	2,3,5-Trijodbenzoesäure (TIBA)	10 µM	10 mM in DMSO

Hemmstoff-gruppe	Hemmstoff	Konzentration	Stammlösung
	1-N-Naphthyl-Phthalamidsäure (NPA)	10 µM	10 mM in DMSO
2| Aktindynamik	Phalloidin	1 µM	1 mM in 96 % (v/v) EtOH
3| Myosin-inhibitoren	2,3-Butandionmonoxim (BDM)	2,5 mM	0,5 M in d H_2O
	Blebbistatin	20 µM	10 mM in DMSO

2.4 Kategorisierung der Lokalisation des markierten perinukleären Aktinnetzwerks und Analyse der Kernposition

2.4.1 Ermittlung der Signalposition

Die Position des durch Lifeact::psRFP markierten, perinukleären Aktinnetzwerks, das entweder nur auf einer Seite des Kerns vorzufinden ist (Abb. 2-2 A und B) oder den Kern rundum umgibt (Abb. 2-2 C und D), wurde in vier Kategorien eingeteilt (siehe Abb. 2-2): In Kategorie I ist das Signal zwischen Zellwand und Zellkern lokalisiert (Abb.2-2 A), in Kategorie II hingegen zur Zellmitte orientiert (Abb.2-2 B). Umgibt das Signal des perinukleären Aktinskeletts zwar den Zellkern korbartig von allen Seiten, ist aber zusätzlich noch mit der Zellwand verankert, liegt Kategorie III vor (Abb. 2-2 C). In Kategorie IV umspannt das markierte Aktinnetzwerk den Kern von allen Seiten und ist von der Zellwand völlig losgelöst (Abb. 2-2 D).

Abbildung 2-2 Kategorisierung der verschiedenen Signalpositionen

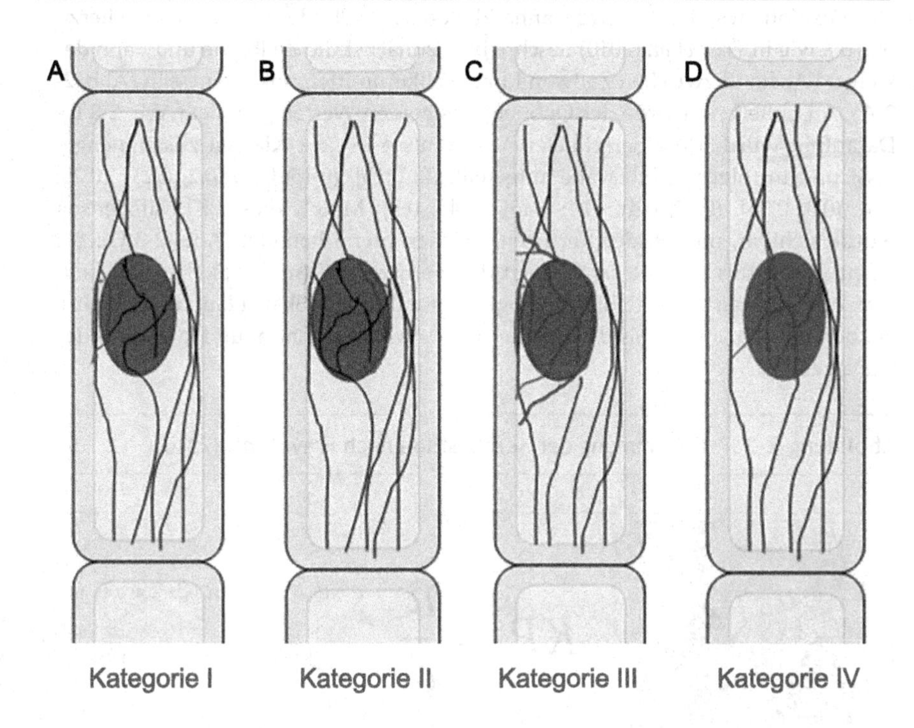

Von links nach rechts sind die vier Kategorien der unterschiedlichen Signalpositionen schematisch dargestellt. In rot (grau) ist das markierte Aktin zu sehen, der Kern ist oval in schwarz dargestellt.

Für die Bestimmung der Signalpositionen wurden jeweils 2000 Zellen der Lifeact::psRFP Kultur aus vier unabhängigen experimentellen Serien jeweils an den Tagen 1 bis 7 untersucht und den vier Kategorien zugeteilt. Diese Untersuchungen lieferten die Referenzwerte, mit denen die Ergebnisse der Hemmstoffexperimente verglichen wurden. Die Resultate der Hemmstoffexperimente ergaben sich durch die Auswertung von jeweils 1500 Zellen pro Tag aus drei unabhängigen Serien. Als Maß für die Streuung zwischen den drei bzw. vier Versuchsreihen (Stichproben) wurde der Standardfehler ermittelt, indem die Standardabweichung des Mittelwertes der drei bzw. vier Versuchsreihen durch die Quadratwurzel n, der Stichprobengröße (3 oder 4), geteilt wurde.

2.4.2 Ermittlung der Kernposition

Die Position des Kerns wurde anhand von Kachelbildern untersucht. Hierzu wurde, wie in Frey *et al.* (2010) beschrieben, zunächst die Zellbreite und dann der kleinste Abstand zwischen Zellwand und Zellkernmittelpunkt gemessen (Abb. 2-3 A). Anschließend wurde der Quotient aus beiden Werten gebildet (Abb. 2-3 B). Daraufhin wurden die berechneten Verhältnisse in acht Klassen zusammengefasst und in folgende Intervalle aufgeteilt: (0; 0,15], (0,15; 0,2], (0,2; 0,25], (0,25; 0,3], (0,3; 0,35], (0,35; 0,4], (0,4; 0,45], (0,45; 0,5]. Mittels dieser Klassifizierung wurde sichtbar, ob sich der Kern zentral oder lateral befindet (Abb. 2-3 C): Bei einem Verhältnis von 0,4 bis 0,5 liegt der Kern zentral (in der Skala grün/ hellgrau), bei Werten von 0,15 bis 0,25 liegt er lateral (in der Skala blau/ dunkelgrau), bei den Werten von 0,3 bis 0,4 liegt der Kern zwischen zentral und lateral (in der Skala gelb).

Abbildung 2-3 Bestimmung der Kernposition nach Frey *et al.* (2010)

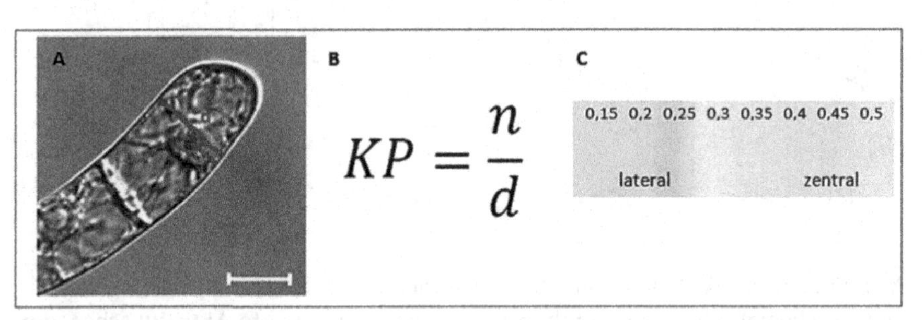

(A) Messung der Zellbreite (d) und des Abstands von der Zellwand bis zum Kernmittelpunkt (n). (B) Formel zur Errechnung der Kernposition (KP). (C) Kategorisierung der Kernposition. Maßstabsbalken: 20 µm.

Für die Bestimmung der Kernposition wurden jeweils 100 Zellen der Lifeact::psRFP Kultur an den Tagen 1 und 5 ausgewertet und den acht Klassen zugeteilt. Diese Wahl des Zellalters resultiert aus den Ergebnissen der Signalposition (vgl. Abb. 3-2, S. 31). Die Untersuchungen der Lifeact::psRFP Kultur lieferten die Referenzwerte, mit denen die Ergebnisse der Hemmstoffexperimente verglichen wurden. In den Hemmstoffexperimenten wurde pro Hemmstoffgruppe die Kernposition jeweils eines Hemmstoffs ausgewertet: IAA wurde für die Auxine (Hemmstoffgruppe 1) ausgezählt; Phalloidin wurde für die Hemmstoffe der

Aktindynamik (Hemmstoffgruppe 2) ausgewertet und Blebbistatin wurde für die Myosininhibitoren (Hemmstoffgruppe 3) untersucht.

2.5 Mikroskopie und Bildanalyse

2.5.1 Mikroskope

Mikroskopiert wurde mit dem AxioObserver.Z1 (Abb. 2-4 B) und dem AxioImager.Z1 (Abb.2-4 B) von Zeiss (Jena, Deutschland). Aufgenommen wurde mittels der AxioCamMR3 Kamera (Zeiss, Jena, Deutschland).

Abbildung 2-4 Verwendete Mikroskope

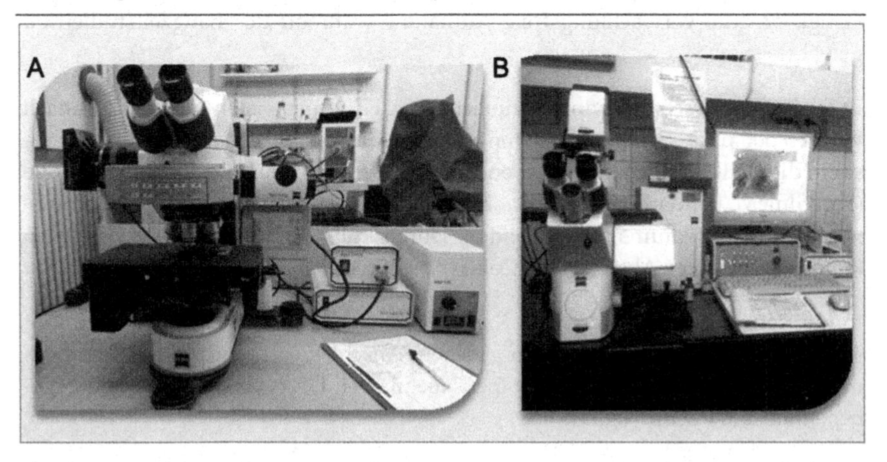

(A) AxioImager.Z1 zur Untersuchung der Transformanten. (B) AxioObserver.Z1 für Langzeitaufnahmen.

Zur Ermittlung der Signal- und Kernpositionen wurde die MosaiX-Funktion der AxioVision Software Rel. 4.8 (Zeiss, Jena, Deutschland) genutzt und einzelne Kachelbilder mit einer Fläche von 432x324 µm erstellt. Die Kachelbildeinstellungen betrugen sieben Zeilen auf sieben Spalten im mäanderförmigen Aufnahmemodus. Die Gesamtfläche betrug 3029x2269 µm. Je nach Zellzahl auf einem Kachelbild wurden fünf bis sieben Groß-Kachelbilder erstellt um eine Gesamtzellzahl von jeweils 500 zu erreichen. Als Objektiv wurde das Plan-Apochromat

20x/0.75 gewählt. Die Hellfeldaufnahmen wurden im DIC-Modus erstellt, die rote psRFP-Fluoreszenz wurde mit dem Filtersatz 43 HE (Anregungswellenlänge bei 550 nm, Farbteiler bei 570 nm, Emission bei 605 nm) beobachtet.

2.5.2 Langzeitstudien

Um Langzeitstudien durchzuführen, wurden sowohl Cell view™ Zellkulturschalen (Greiner Bio-One GmbH, Frickenhausen, Deutschland) mit Glasboden und einem Durchmesser von 35 mm, als auch Lab-Tek™ Kammer-Systeme (Nunc GmbH & Co. KG Thermo Fischer Scientific, Langenselbold, Deutschland) mit einem Arbeitsvolumen von 0,5 bis 0,9 ml pro Kammer verwendet. Da beide einzig für die Verwendung an inversen Mikroskopen geeignet sind, wurde mit dem AxioObserver Z1 gearbeitet (Abb. 2-4 B, S.23). Ferner wurde das Kulturmedium mit 0,1 % Agarose (Sigma-Aldrich Chemie GmbH, Steinheim, Deutschland) verfestigt, um die verwacklungsfreie Aufnahme während der Langzeitstudien zu gewährleisten.

In die Zellkulturschalen wurden zunächst 60 µl Zellsuspension pipettiert. Danach wurden 500 µl des leicht erwärmten Kulturmediums (einschließlich 0,1 % Agarose) in die Zellkulturschalen gegeben. Anschließend wurden die Schalen mit Folie (Parafilm®M, Bemis Company Inc., Neehna WI, USA) verschlossen, um das Austrocknen des Mediums zu vermeiden. Durch kurze Zentrifugation der Schalen konnte ein besseres Absetzen der Zellen erzielt werden.

In die Zellkammern wurden pro Kammer jeweils 45 µl der Zellsuspension und 400 µl verfestigtes Kulturmedium gegeben. Anschließend wurden die Kammern mit Parafilm®M (Bemis Company Inc., Neehna WI, USA) verschlossen und gegebenenfalls kurz zentrifugiert.

Pro Zellkulturschale oder Kammer wurden Zellen von drei verschiedenen Bereichen innerhalb der Schale beobachtet. Dabei wurde jeweils die genaue x-, y- und z-Position mit dem AxioVision Programm von Zeiss (Jena, Deutschland) abgespeichert. Alle 15 min wurde pro Ausschnitt eine Aufnahme mit dem DIC-Modus und dem Filtersatzes 43 HE erstellt. Als Objektiv wurde das Plan-Apochromat 20x/0.8 oder das LD Plan-Neofluar 40x/0.6 gewählt. Das Programm konnte jederzeit gestoppt werden, um die Fokusebene zu korrigieren. Bei einigen Aufnahmen wurden zusätzlich z-Schnitte erstellt, um das Driften aus der Fokusebene zu kompensieren. Dabei wurde ein Abstand von 1 µm gewählt und 10-20 Schnitte pro Aufnahme erstellt.

Insgesamt erstreckten sich die Langzeitstudien über sieben Tage. Pro Bereich wurden circa 600 Einzelbilder (ohne z-Schnitte) erstellt. Die einzelnen Aufnahmen konnten mit Hilfe des Programms ImageJ (National Institutes of Health, Brethesda, USA) zu einem .avi-Dokument zusammengefügt werden. Nachträglich wurden Kontrast- und Helligkeitsänderungen vorgenommen.

3 Ergebnisse

Der Zellkern und das ihn umgebende Aktinnetzwerk, welches unter anderem an der Kernpositionierung und der Verankerung des Kerns an eine definierte Position beteiligt ist, sind für die Neubildung der Zellpolarität nach der Zellteilung entscheidend. Wie Zellpolarität nach der Zellteilung an die Tochterzellen weitergegeben wird und welche Signale dabei eine Rolle spielen, ist unklar. Um dies zu untersuchen, wurde erstmals eine transgene Zelllinie verwendet, bei der ausschließlich eine perinukleäre Aktinpopulation markiert ist.

Der erste Teil der Arbeit befasst sich mit der Beschreibung der transgenen Tabakzelllinie Lifeact::psRFP hinsichtlich der Signal- und Kernpositionen, sowie der Reorientierung des perinukleären Aktinnetzwerks. Um Rückschlüsse auf die Funktion dieser besonderen Aktinpopulation bei der Kernwanderung zu ziehen, wurde untersucht, wo das perinukleäre Aktinnetzwerk an verschiedenen Tagen des Kulturzyklus vorzufinden ist. Dafür wurden die Lage des perinukleären Aktinnetzwerks (Signalposition) und die Lage des Zellkerns (Kernposition) beobachtet. Um zu sehen, wie sich dieses Aktinnetzwerk, das den Kern von allen Seiten umgibt und ein sogenanntes *nuclear basket* formt, über den siebentägigen Kulturzyklus verhält, wurden neben einzelnen Momentaufnahmen auch mehrtägige Langzeitbeobachtungen durchgeführt.

Im zweiten Teil der Arbeit steht die Frage im Mittelpunkt, ob sich die spezifische Aktinpopulation, die nur um den Kern vorzufinden ist, z. B. durch exogen zugeführtes Auxin, durch Blockierung des polaren Auxinflusses, durch Veränderung der Aktindynamik und durch die Hemmung Myosin-abhängiger Prozesse beeinflussen lässt. Zur Untersuchung der Funktion des *nuclear baskets* wurden Hemmstoffexperimente durchgeführt und deren Auswirkung auf Signalposition und Kernmigration analysiert. Die verwendeten Hemmstoffe können dabei in drei Gruppen unterteilt werden: Auxine und Phytotropine werden zur ersten, Inhibitoren der Aktindynamik zur zweiten und Myosininhibitoren zur dritten Gruppe zusammengefasst.

3.1 Beschreibung der transgenen Linie

Neben der Beschreibung der transgenen Lifeact::psRFP Linie hinsichtlich der unterschiedlichen Signal- und Kernpositionen anhand von Momentaufnahmen an verschiedenen Tagen im Kulturzyklus liefern diese Untersuchungen die Referenzwerte, mit denen die Ergebnisse der Hemmstoffexperimente (siehe 3.2, S.39 ff) verglichen werden können.

Zudem wird im ersten Teil der Arbeit anhand von Langzeitaufnahmen die dynamische Reorientierung der perinukleären Aktinfilamente während des siebentägigen Kulturzyklus untersucht.

3.1.1 Die Lage des perinukleären Aktinnetzwerks kann in vier Kategorien eingeordnet werden

Um die Frage zu untersuchen, welche Funktion die markierte Aktinpopulation während der Kernwanderung innehat, wurde zunächst die Lage des perinukleären Aktinnetzwerks (Signalposition) an den Tagen 1 bis 7 im Kulturzyklus beobachtet.

Die mikroskopische Analyse der Lifeact::psRFP Linie zeigte, dass sich die Signalpositionen in vier Kategorien einordnen lassen: Es waren Zellen vorzufinden, bei denen das Signal entweder zwischen Zellwand und Zellkern lokalisiert ist (Kategorie I, Abb. 3-1 A), zur Zellmitte orientiert ist (Kategorie II, Abb. 3-1 B), den Zellkern korbartig von allen Seiten umgibt und zusätzlich Kontakt mit der Zellwand hat (Kategorie III, Abb. 3-1 C) oder den Kern von allen Seiten umgibt, aber völlig losgelöst von der Zellwand ist (Kategorie IV, Abb. 3-1 D).

Diese Beobachtungen sind in folgender Abbildung zusätzlich zur Mikroskopaufnahme schematisch dargestellt.

Abbildung 3-1 Kategorisierung in vier unterschiedliche Lifeact::psRFP Signalpositionen

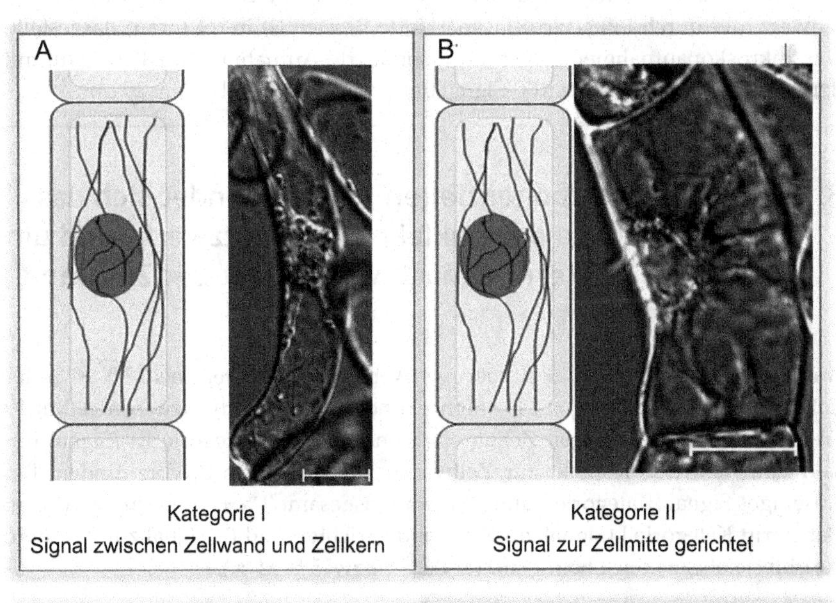

Kategorie I
Signal zwischen Zellwand und Zellkern

Kategorie II
Signal zur Zellmitte gerichtet

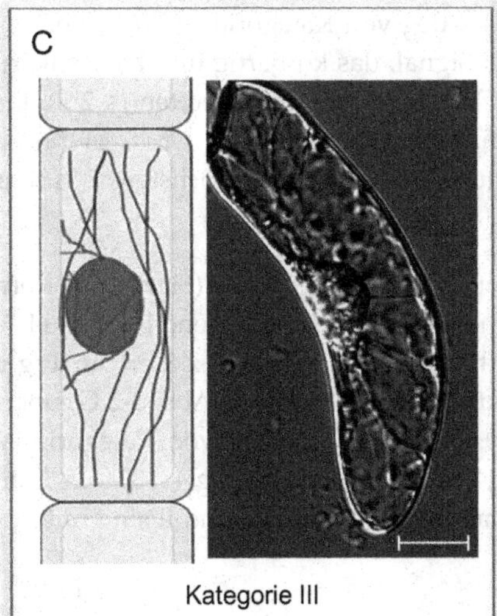

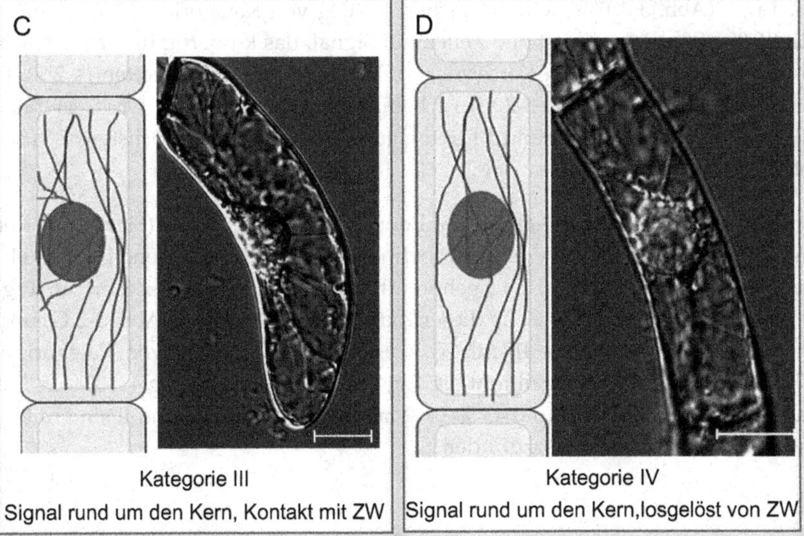

Kategorie III
Signal rund um den Kern, Kontakt mit ZW

Kategorie IV
Signal rund um den Kern,losgelöst von ZW

Schematische Darstellung und Mikroskopaufnahme der Kategorie I (A), Kategorie II (B), Kategorie III (C) und Kategorie IV (D). Die schematische Darstellung zeigt jeweils eine Zelle mit Zellwand (ZW), Plasmamembran und Nukleus (dunkelgrau) innerhalb eines Zellfadens. Das Aktinnetzwerk in der Zelle ist in schwarz, der durch Lifeact::psRFP markierte Bereich ist in rot (grau) dargestellt. Die Mikroskopaufnahmen zeigen die überlagerte Aufnahme im DIC Modul mit dem roten Kanal, der das psRFP-Signal detektiert. Maßstabsbalken: 20 µm.

3.1.2 In der exponentiellen Phase befindet sich das markierte perinukleäre Aktinnetzwerk rund um den Zellkern, danach wird es mit der Zellwand verankert

Am ersten Tag nach der Subkultivierung (Abb. 3-2 A) ist bereits bei 72 % ±4 % der Zellen das Signal zu Kategorie IV (Signal rund um den Kern) zuzuordnen. Mit 19 % ±2 % ist nur bei wenigen Zellen ein Signal, das zu Kategorie III (Signal um Kern und teilweise Kontakt zur Zellwand) zugeordnet wird, vorzufinden. Ein einseitiges Signal (Kategorie I und II) ist mit insgesamt 9 % ±1 % gering vertreten. Dabei tritt Kategorie I (Signal zur Zellwand gerichtet) und II (Signal zur Zellmitte gerichtet) nahezu gleich häufig auf (4 % ±1 % bzw. 5 % ±1 %).

An Tag 2 (Abb. 3-2 B) ist ein deutlicher Anstieg von Kategorie IV zu bemerken. Mit 96 % ±1 % besitzen fast alle Zellen ein Signal, das korbartig um den Zellkern lokalisiert ist. Die anderen Kategorien (I, II, III) sind kaum vertreten (≤ 2%). Bis einschließlich Tag 3 (Abb. 3-2 C) ist beinahe nur Kategorie IV (96 % ±1 %) zu beobachten. Kategorie I, II und III treten auch hier jeweils mit höchstens 2 % sehr selten auf.

Ab Tag 4 (Abb. 3-2 D) steigt die Zahl der sich in Kategorie III (Signal um Kern und teilweise Kontakt zur Zellwand) befindlichen Zellen beginnend bei 9 % ±1 % stetig an. An Tag 5 (Abb. 3-2 E) gehören bereits 38 % ±5 % der Zellen, an Tag 6 (Abb. 3-2 F) 45 % ±2 % der Zelle dieser Kategorie an. An Tag 7 (Abb. 3-2 G) überwiegt schließlich Kategorie III mit 55 % ±4 %. Die Häufigkeit von Kategorie IV (Signal rund um den Kern) nimmt bis Tag 7 ab: 90 % ±1 % an Tag 4, 60 % ±5 % an Tag 5, 53 % ±4 % an Tag 6 und 43 % ±4 % an Tag 7. Kategorie I und II sind mit nur jeweils 1-2 % sehr selten vorzufinden.

In der exponentiellen Phase des Kulturzyklus (Tag 2-4) wird hauptsächlich Aktin markiert, das den Kern wie ein Korb von allen Seiten umgibt (Kategorie IV). Die Anzahl der Zellen, die Kategorie IV zugeordnet werden, nimmt ab Tag 4 bis Tag 7 wieder ab und es sind dann mehr Zellen zu Kategorie III zuzuordnen und damit mehr Signale mit Kontakt zur Zellwand vorhanden.

Abbildung 3-2 Auswertung der Signalpositionen der transgenen Tabakzelllinie BY-2 Lifeact::psRFP

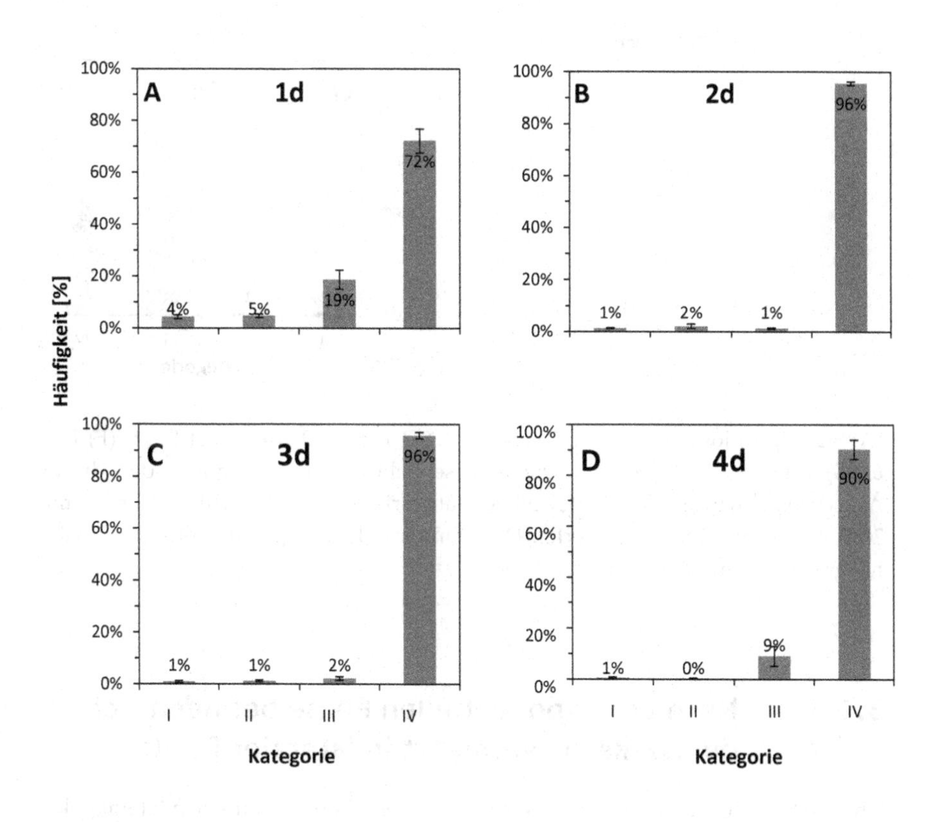

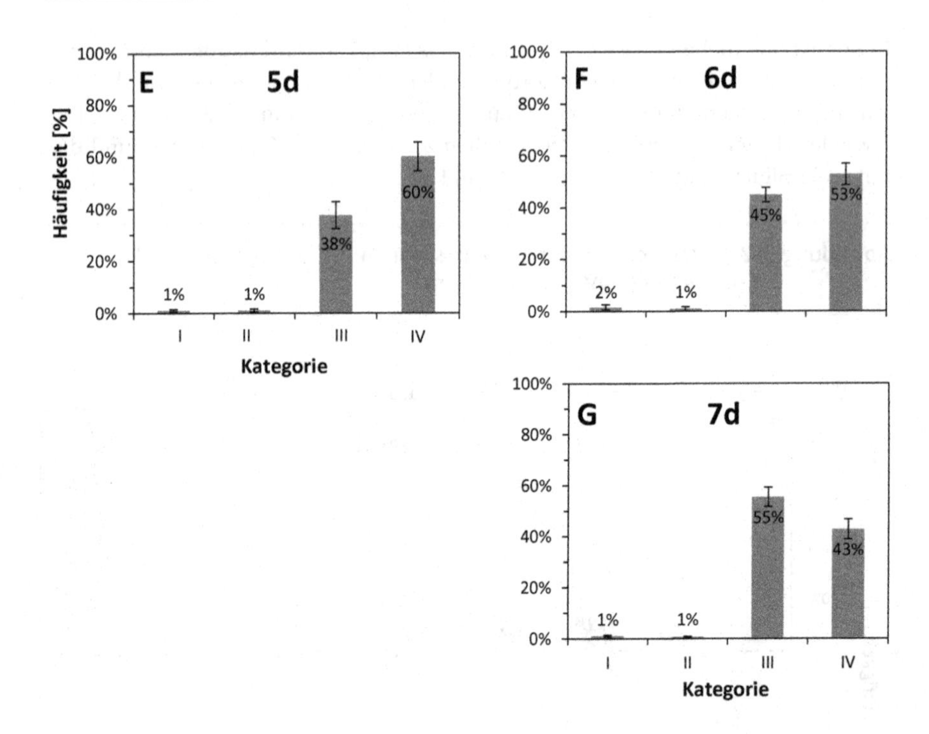

(A) Signalpositionen an Tag 1, (B) an Tag 2, (C) Tag 3, (D) Tag 4, (E) Tag 5, (F) Tag 6, (G) Tag 7 im Kulturzyklus. Die x-Achse stellt die vier Kategorien dar, die y-Achse zeigt, wie häufig die jeweilige Kategorie auftritt. Es wurden insgesamt 2000 Zellen pro Tag ausgewertet. Der Standardfehler ergibt sich aus vier unabhängige experimentelle Serien.

3.1.3 Nach der exponentiellen Phase befinden sich die Zellkerne vermehrt in lateraler Position

Ob eine Signalposition, die mit der Zellwand verankert ist, auf einen lateral gelegen Zellkern schließen lässt, oder ob eine Signalposition, die in keiner Verbindung mit der Zellwand steht, auf einen zentral gelegenen Zellkern schließen lässt, kann durch zusätzlicher Überprüfung der relativen Lage des Zellkerns (Kernposition) bestätigt werden. In der exponentiellen Phase (Tag 2-4) lagen die meisten Kerne zentral (Daten nicht gezeigt).

Um zu erfahren, ob die Vermutung stimmt, dass eine Signalposition, die mit der Zellwand veran-kert ist auf einen lateralen Zellkern schließen lässt, werden die Kernpositionen von Tag 1 und 5 ausgewertet.

Die Position des Zellkerns wird dabei durch die relative Lage des Kerns zur Zellwand ermittelt und in acht Klassen eingeteilt. In die Klassen 0,4 bis 0,5 werden Zellen mit zentral gelegenen Kernen eingeteilt. Die Klassen 0,15 bis 0,25 stehen für Zellen mit einem lateral gelegenen Kern. Bei den Klassen 0,3 und 0,35 liegt der Kern weder zentral noch lateral.

An Tag 1 (Abb. 3-3 A) besitzen 43 % der Zellen, an Tag 5 (Abb. 3-3 B) nur 29 % der Zellen einen zentral gelegenen Zellkern (Klasse 0,4-0,5). An Tag 1 weisen 64 % der Zellen eine Zellkernposition auf, die weder völlig zentral noch lateral ist (Klasse 0,3-0,35), an Tag 5 sind es 44 %. An Tag 1 sind lediglich 10 % der Kerne lateral positioniert (Klasse 0,15-0,25), an Tag 5 dagegen 27 %.

An Tag 1 sind demnach deutlich mehr Zellkerne zentral gelegen als lateral, an Tag 5 sind nur geringfügig mehr Kerne zentral gelegen als lateral. An den Tagen 2,3 und 4, also in der exponentiellen Phase des Kulturzyklus, war der Kern hauptsächlich zentral gelegen (Daten nicht gezeigt).

Es wird vermutet, dass sich das perinukleäre Netzwerk mit dem Kern bewegt, somit könnte die Signalposition Rückschlüsse auf die Kernbewegung geben. Um zu sehen, ob diese direkt mit der Lage des Kerns korreliert, werden die Ergebnisse der Signalposition an Tag 1 und 5 mit den Ergebnissen der Kernposition an diesen Tagen gegenübergestellt. Es wird vermutet, dass eine Signalposition rund um den Kern (Kategorie IV) auf einen zentral gelegenen Zellkern (Klasse 0,4-0,5) hinweist und eine Signalposition mit Kontakt zur Zellwand (Kategorie III) einen lateral gelegenen Zellkern (Klasse 0,15-0,25) aufweist.

Abbildung 3-3 Auswertung der Kernpositionen der transgenen Tabakzelllinie BY-2 Lifeact::psRFP

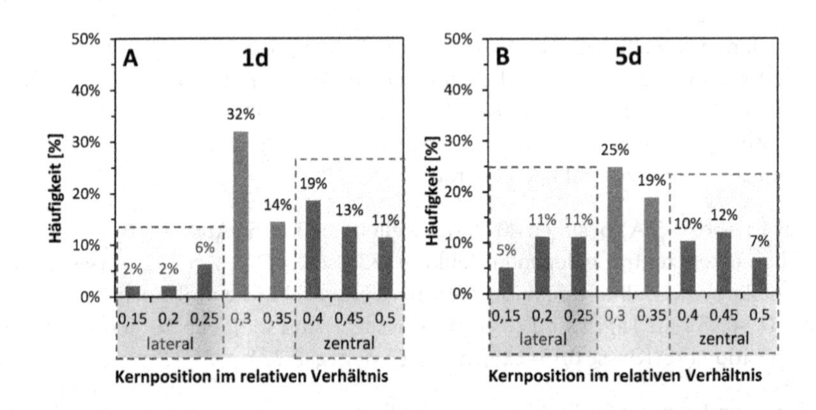

(A) Kernposition (KP) an Tag 1. (B) KP an Tag 5. Die x-Achse zeigt die Klassen von 0,15 bis 0,5 an und damit die Lage des Kerns in Bezug zur Zellwand. Die y-Achse zeigt, wie häufig die jeweilige Klasse auftritt. Bei einem Verhältnis von 0,4-0,5 liegt der Kern zentral (grün (hellgrau) hinterlegt), bei Werten 0,15-0,25 lateral (blau (dunkelgrau) hinterlegt), bei den Werten von 0,3-0,35 liegt der Kern weder zentral und lateral (gelb (hellgrau)) (siehe 2.4.2, S. 22).

Die Ergebnisse der Signalpositionen an Tag 1 und 5 und die Ergebnissen der Kernpositionen stimmen mit dieser Vermutung überein (vergleiche Abb. 3-2 A mit Abb. 3-3 A und Abb.3-2 E mit Abb. 3-3 B).

An Tag 1 liegen mehr Kerne zentral (Klasse 0,4-0,5: 43 %), an Tag 5 etwas weniger als an Tag 1 (29 %). An Tag 1 weisen mehr Zellen ein Signal rund um den Zellkern auf (Kategorie IV: 72 % ±4 %), an Tag 5 etwas weniger als an Tag 1 (60 %). An Tag 5 ist ein lateral gelegener Zellkern (Klasse 0,15-0,25: 27 %) häufiger als an Tag 1 (10 %). Ab Tag 5 nehmen auch die Signalpositionen, die mit der Zellwand im Kontakt stehen (Kategorie III: 38 % ±5 %) zu.

Signal- und Kernpositionen zeigen also einen zentral gelegenen Nukleus mit einem perinukleären Aktinkorb während der exponentiellen Phase (Tag 2 bis 4). Davor (Tag 1) und danach (Tag 5 bis 7) wird der lateral gelegene Kern durch das perinukleäre Aktinnetzwerk mit der Zellwand an der Peripherie verankert.

3.1.4 Langzeitaufnahmen decken die Reorientierung der perinukleären Aktinfilamente während der Zellteilung auf

Im Gegensatz zu den Momentaufnahmen erlauben es Langzeitaufnahmen die dynamische Reorientierung der perinukleären Aktinfilamente zu untersuchen. Hierzu wurden die Zellen in verfestigtem Medium eingebettet und über einen Zeitraum von bis zu sieben Tagen untersucht. Im Folgenden wird eine Zelle kurz vor, während und nach der Zellteilung über einen Zeitraum von 20 Stunden beobachtet.

Zu Beginn der Langzeitaufnahmen befindet sich der Zellkern im Zentrum der Zelle (Abb. 3-4a A1). Das Signal ist rund um den Kern, jedoch sind seitlich wenige markierte Aktinstränge zu sehen, die mit der Zellwand verbunden sind (Abb. 3-4a A2). Etwa knapp vier Stunden später ist das Signal ausschließlich um den Kern vorzufinden (Abb. 3-4a B1), wobei kein Signal außerhalb des perinukleären Bereichs sichtbar ist (Abb. 3-4a B2). Wie bereits erwähnt, werden andere Aktinpopulationen nicht von Lifeact::psRFP fluoreszent markiert. Das *nuclear basket* weist eine runde und symmetrische Form auf. Nach 8,5 Stunden ist das *nuclear basket* nicht mehr rund und symmetrisch, sondern hat eine ovale Form angenommen (Abb.3-4a C1), die den charakteristischen Zellkern der G2-Phase umgibt. Dieser ovale Zustand behält das *nuclear basket* in der folgenden Aufnahme bei (Abb. 3-4a D1), jedoch ändert sich das perinukleäre Netzwerk, welches nun nach mehr als neun Stunden (in der Prophase der einsetzenden Mitose) großmaschiger und dadurch vergrößert wird (Abb. 3-4a D2). Die Aktinfilamente sind deutlich zu erkennen und liegen nicht mehr gebündelt vor (Abb. 3-4a B2), sondern es sind nun große Zwischenräume zwischen ihnen zu erkennen (Abb. 3-4a D2). Im Folgenden (während Ana- und Telophase) sind beträchtliche Änderungen in der Form und Gestalt des Netzwerks in kurzen zeitlichen Abständen von nur 0,25 Stunden zwischen den Aufnahmen zu erkennen. Das perinukleäre Aktinnetzwerk reist an einer in der Mitte der ovalen Struktur gelegenen Art „Sollbruchstelle" auseinander (Abb. 3-4a E2 Pfeile). Das vorher entbündelte Aktinnetzwerk kontrahiert sich nun wieder in Richtung der jeweiligen Zellmitte der zukünftigen Tochterzellen. Durch die entstandene Sollbruchstelle während der Teilung ist das Netzwerk zur neu entstehenden Querwand offen (Abb. 3-4b F2). Die Zellkerne der Tochterzellen werden in Richtung der neu entstehenden Querwand vom Aktinnetzwerk umschlossen (Abb. 3-4b G2 und H2). Nach 20 Stunden ist dieser letzte Vorgang vollständig abgeschlossen und die neuen Tochterkerne sind gänzlich vom Aktinnetzwerk umgeben. Die charakteristische runde, korbartige Struktur des *nuclear baskets* ist nun wieder zu sehen (Abb. 3-4b I1 und I2).

Das Verhalten des *nuclear baskets* während der Zytokinese sieht demnach wie folgt aus: Aus der runden symmetrischen Form des perinukleären Aktinnetzwerks, das nicht mehr im Kontakt mit der Zellwand ist, vergrößert sich das Netzwerk, wird großmaschiger und reist in der Mitte an einer Art „Sollbruchstelle" auseinander, wonach es sich wieder zusammenzieht und die Tochterkerne zur neuen Querwand hin umschließt und schlussendlich von allen Seiten umgibt.

Abbildung 3-4 Reorientierung des perinukleären Aktinnetzwerks während der Zellteilung

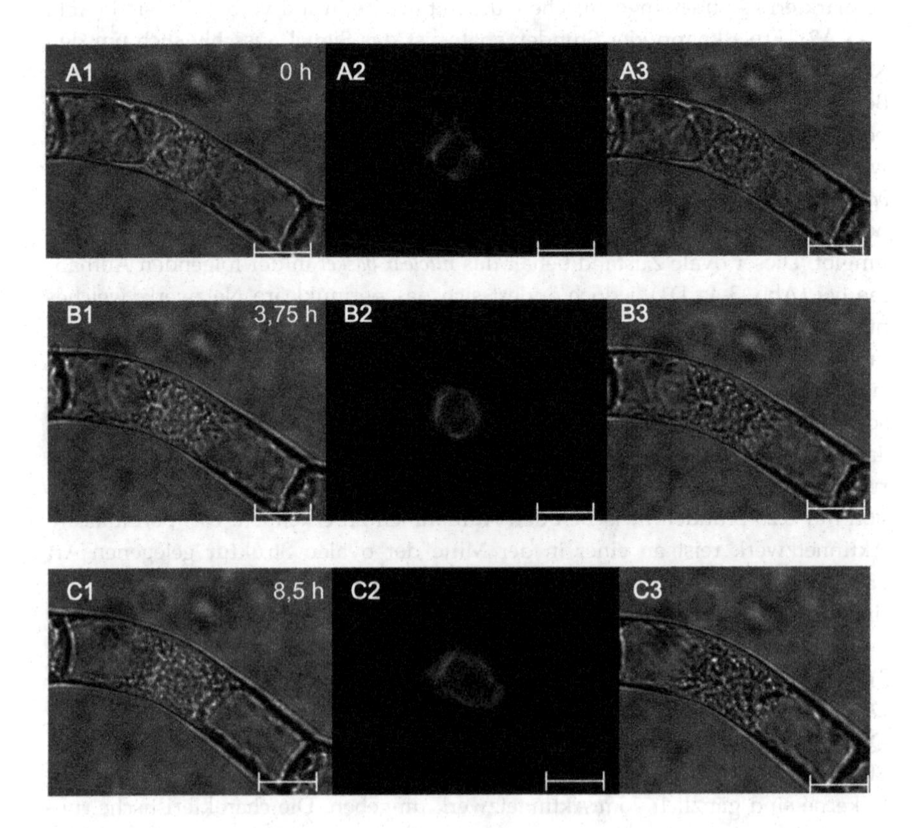

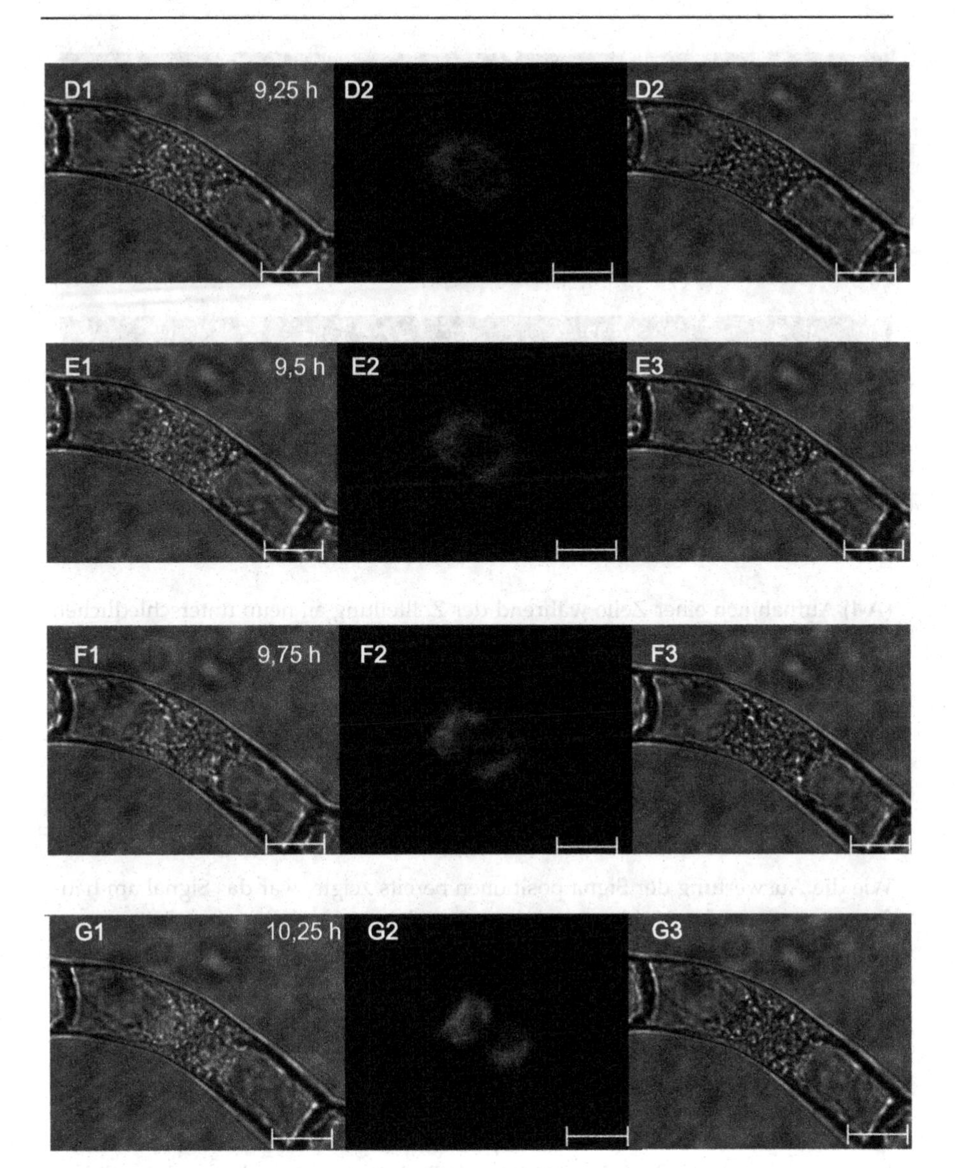
D1
9,25 h
D2
D2
E1
9,5 h
E2
E3
F1
9,75 h
F2
F3
G1
10,25 h
G2
G3

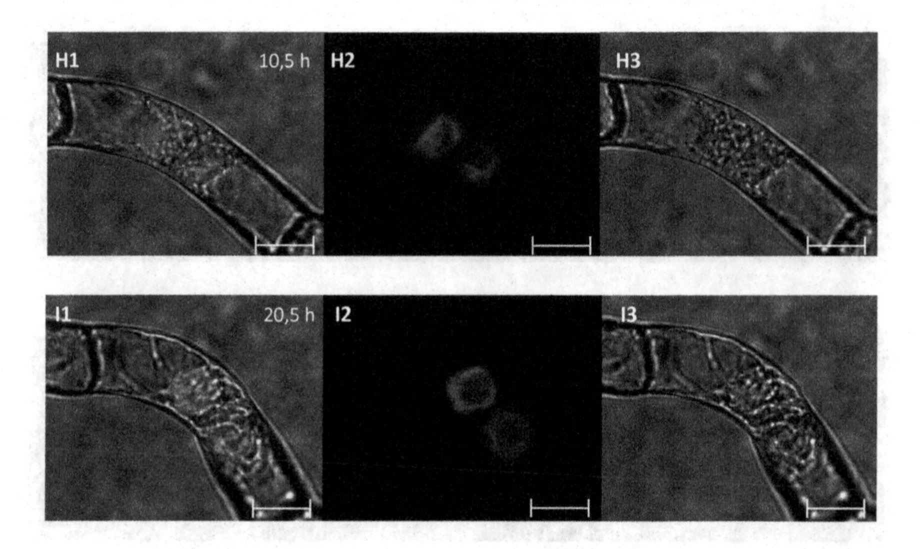

(A-I) Aufnahmen einer Zelle während der Zellteilung an neun unterschiedlichen Zeitpunkten: (A) 0 h, (B) 3,75 h, (C) 8,5 h, (D), 9,25 h, (E) 9,5 h, (F) 9,75 h, (G) 10,25 h, (H) 10,5 h, (I) 20,5 h. Von links nach rechts sind die verschiedenen Kanäle zu sehen: (A1-I1) Überlagerung des DIC-Kanals mit dem roten Kanal, (A2-I2) roter das psRFP-Signal detektierender Kanal, (A3-I3) Aufnahme mit dem DIC Modul. In (E2) weisen die Pfeile auf eine Art „Sollbruchstelle" im *nuclear basket* hin. Maßstabsbalken: 20 µm.

Wie die Auswertung der Signalpositionen bereits zeigte, war das Signal am häufigsten rund um den Nukleus und nur sehr selten auf lediglich einer Seite vorzufinden (siehe Abb. 3-2, S.31). War ein Signal nur einseitig, so handelte es sich meist um sehr lange, nicht teilungsfähige G0-Phasenzellen (Abb. 3-5). Zu Beginn der Langzeitaufnahmen befindet sich der Zellkern am Rand der Zelle (Abb. 3-5 A). Das Signal ist nur einseitig zu sehen und zur Zellmitte gerichtet (Abb. 3-5 A). Acht Stunden später hat sich der Kern mit dem Signal in z-Richtung nach oben bewegt (Abb. 3-5 B). Nach zwölf Stunden dreht sich der Kern, sodass das Signal in der Mitte der Zelle ist (Abb. 3-5 C). Bereits eine viertel Stunde später ist der Kern auf die anderen Seite der Zelle, an die Peripherie, gewandert und das Signal ist weiterhin an der gleichen Position am Kern vorzufinden (Abb. 3-5 D).

Abbildung 3-5 Fixe Position des markierten perinukleären Aktinnetzwerks in einer G0-Phasenzelle

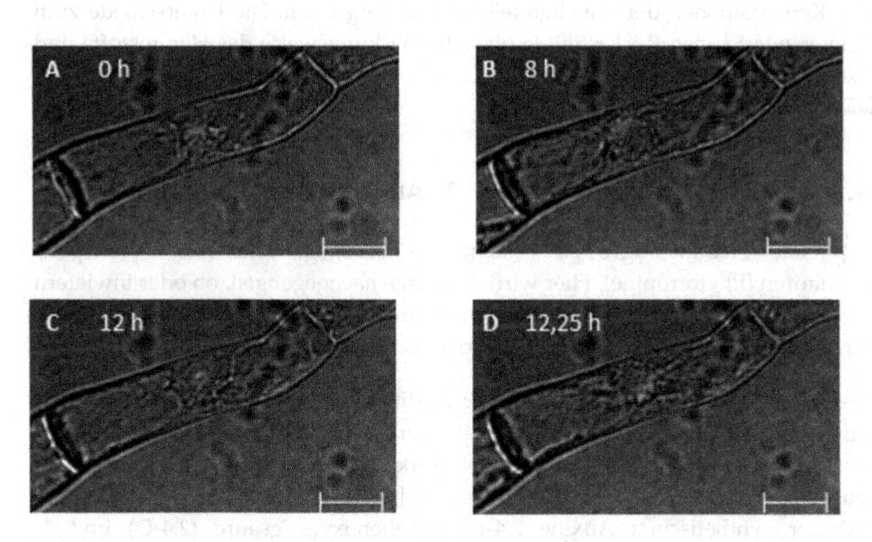

Aufnahmen einer Zelle an vier unterschiedlichen Zeitpunkten: (A) 0 h, (B) 8 h, (C) 12 h, (D) 12,25 h. Die Aufnahmen zeigen eine Überlagerung des DIC Kanals mit dem roten Kanal zur Detektion des roten psRFP-Signals. Maßstabsbalken: 20 µm.

Der Zellkern bewegt sich stets von der einen zur anderen Seite der Zelle. Das Signal ist fest am Kern verankert und es kommt zu keiner Reorientierung des perinukleären Aktinnetzwerks. Wenn sich der Kern dreht, dreht sich das Signal mit. Es bleibt selbst über einen langen Zeitraum von zwölf Stunden an seiner fixen Position am Kern. Auch nach weiteren zwölf bis vierundzwanzig Stunden war das Signal an derselben Position am Kern sichtbar (Daten nicht gezeigt).

3.2 Manipulation des *nuclear baskets*

Der zweite Teil der Arbeit beschäftigt sich mit der Frage, ob sich die Lage des perinukleären Aktinnetzwerks bzw. des Kerns durch verschiedene Hemmstoffe beeinflussen lässt. Dabei können die verwendeten Hemmstoffe in folgende drei Hemmstoffgruppen unterteilt werden: 1| Auxine und Phytotropine, 2| Hemmstoffe der Aktindynamik und 3| Myosininhibitoren. Die Signalpositionen der mit den

Hemmstoffen behandelten Zellen werden den vier Kategorien zugeteilt und mit den Ergebnissen der unbehandelten Lifeact::psRFP Linie verglichen. Die Kernpositionen nach Hemmstoffgabe werden wieder den acht Klassen zugeteilt und mit den Kernpositionen der unbehandelten Linie verglichen. Die Unterschiede zum Referenzwert sollen Rückschlüsse über die Wirkungsweise des Hemmstoffs und die möglichen Faktoren, die bei der Kernbewegung eine Rolle spielen, ermöglichen.

3.2.1 Hemmstoffgruppe 1| Auxine und Phytotropine

Die erste Hemmstoffgruppe besteht aus Auxinen und Auxin-Transport-Inhibitoren (Phytotropine). Hier wird der Frage nachgegangen, ob oder inwiefern sich durch exogen zugeführtes Auxin oder durch Blockierung des polaren Auxinflusses die Lage des perinukleären Netzwerks manipulieren lässt.

Die Zugabe von Auxin verursacht eine Aktinbündelung in Zellen und die Synchronisierung der Zellteilung. Um die Wirkungsweise von Auxinen auf die Lage des markierten perinukleären Aktinnetzwerks (Signalposition) zu untersuchen, wurden 10 μM des natürlichen Auxins Indol-3-Essigsäure (IAA) und jeweils 10 μM der synthetischen Auxine 2,4-Dichlorphenoxyessigsäure (2,4-D) und 1-Naphthylessigsäure (NAA) eingesetzt.

Die Zugabe von Phytotropinen stört den Efflux von Auxin aus Zellen, während der Influx nicht beeinflusst wird. Dies hat eine Auxinansammlung in der Zelle zur Folge. Als Phytotropine wurden jeweils 10 μM 2,3,5-Trijodbenzoesäure (TIBA) und 1-N-Naphthyl-Phthalamidsäure (NPA) verwendet.

3.2.1.1 Auxine und Phytotropine verzögern das Loslösen des Signals von der Zellwand zu Beginn sowie die Verankerung des Signals mit der Zellwand am Ende des Kulturzyklus

Am ersten Tag (Abb. 3-6 A) bleibt das Signal nach Zugabe von IAA oder NPA im Vergleich zu der unbehandelten Lifeact::psRFP Linie häufiger rund um den Kern, aber noch in Kontakt mit der Zellwand (Kategorie III):

- Im Vergleich zum Referenzwert (19 % ±2 %) sind mit 45 % ±5 % bedeutend mehr Zellen, die mit IAA behandelt wurden, in Kategorie III (Signal um den Zellkern und teilweise Kontakt zur Zellwand) einzuordnen. Kategorie IV

(Signal rund um den Kern) ist mit 53 % ±2 % weniger vorzufinden als bei der unbehandelten Lifeact::psRFP Linie (72 % ±4 %).

- Auch die Zellen, die mit dem Phytotropin NPA behandelt wurden, weisen seltener (65 % ±2 %) Kategorie IV auf als Zellen der unbehandelten Linie (72 % ±4 %). Mit zusammen 35 % sind mehr Signalpositionen zu Kategorie I (Signal zur Zellwand gerichtet, 7 % ±1 %), Kategorie II (Signal zur Zellmitte gerichtet, 6 % ±0,4 %) und Kategorie III (Signal rund um den Kern und teilweise Kontakt zur Zellwand, 22 % ±1 %) zuzuordnen als bei der unbehandelten Linie (28 %).
- Die Ergebnisse der Signalpositionen von Zellen, die mit NAA, 2,4-D und TIBA behandelt wurden, ähneln an Tag 1 den Ergebnissen der unbehandelten Linie.

An Tag 2 (Abb. 3-6 B) weist das Phytotropin TIBA den größten Unterschied zu den Referenzwerten auf. Das Signal bleibt weiterhin häufiger mit der Zellwand in Kontakt (Kategorie IIII) als bei der unbehandelten Linie:

- Mit 15 % ±1 % sind nach Zugabe von TIBA mehr Zellen vorhanden, deren Signalposition der Kategorie III (Signal rund um den Kern und teilweise Kontakt zur Zellwand) zugeteilt werden als bei der unbehandelten Linie (1 % ±0,2 %). Mit 83 % ±0,2 % tritt Kategorie IV (Signal rund um den Kern) im Vergleich zu Zellen ohne Hemmstoffbehandlung (96 % ±1 %) seltener auf.
- Es ist zu erkennen, dass die weiteren Hemmstoffe (IAA, 2,4-D, NAA, NPA) eine niedrigere Häufigkeit für Kategorie IV (86 % ±4 %, 90 % ±1 %, 93 % ±2 %, 92 % ±1 %) und höhere Werte für Kategorie III (12 % ±2 %, 5 % ±0,3 %, 5 % ±2 %, 6 % ±1 %) aufweisen als die Zellen ohne Hemmstoffzugabe (Referenzwert für Kategorie IV: 96 % ±1 %, Kategorie III: 1 % ±0,2 %).
- Kategorie I (Signal zwischen Zellwand und Zellkern) und Kategorie II (Signal zur Zellmitte hingerichtet) sind sowohl bei den Zellen ohne Hemmstoffzugabe (1-2 %) als auch bei denen mit Hemmstoffen (≤2 %) sehr gering vertreten.

Die Werte der Schaubilder von Tag 3 und 4 (Abb. 3-6 C und D) ähneln sich. An beiden Tagen ist durch die Zugabe jeweils beider Phytotropine TIBA und NPA das Signal häufiger mit der Zellwand verankert und nicht losgelöst als bei der unbehandelte Lifeact::psRFP Linie:

- Bei Zugabe von TIBA liegt der Wert für Kategorie III (Signal rund um den Kern und teilweise Kontakt zur Zellwand) mit 27 % ±5 % an Tag 3 und 20 % ±3 % an Tag 4 deutlich höher im Vergleich zum Referenzwert (2 % ±1 % und 9 % ±1 %). Kategorie IV (Signal rund um den Kern) tritt mit 71 % ±6 % an Tag 3 und 79 % ± 3 % an Tag 4 seltener auf als bei der unbehandelten Lifeact::psRFP Linie (96 % ±1 % und 90 % ±1 %).

- Auch durch Zugabe von NPA ist im Vergleich zur unbehandelten Kontrolle sowohl an Tag 3 mit 8 % ±1 % als auch an Tag 4 mit 13 % ±1 % ein deutlich erhöhter Wert für Kategorie III festzustellen und mit 84 % ±3 % an Tag 3 und 85 % ±1% an Tag 4 ebenfalls ein niedrigerer Wert für Kategorie IV zu erkennen. An Tag 3 sind 4 % ±1 % der Signalpositionen zu Kategorie I (Signal zwischen Zellwand und Zellkern) und 5 % ±1 % zu Kategorie II (Signal zur Zellmitte hingerichtet) zuzuordnen und damit ist das Signal deutlich häufiger auf nur einer Seite vorzufinden als bei der unbehandelten Linie (1 % ±0,03 %).
- Die Werte der Schaubilder der Signalpositionen nach Zugabe der Auxine IAA, NAA und 2,4-D an Tag 3 und 4 im Kulturzyklus sind nahezu identisch mit den Signalpositionen der unbehandelten Linie an diesen Tagen.

Ganz anders sieht es an Tag 5 (Abb. 3-6. E) aus. Durch Zugabe der Auxine (NAA, 2,4-D und IAA) und Phytotropinen (TIBA und NPA) ist das *nuclear basket* im Vergleich zur Kontrolle häufiger losgelöst von der Zellwand (Kategorie IV):

- Durch Zugabe von IAA ist mit 96 % ±2 % der Unterschied zum Referenzwert (60 % ±5 %) für Kategorie IV am größten. Kategorie III (Signal rund um den Kern und teilweise Kontakt zur Zellwand) tritt mit 2 % ±0,2 % sehr selten im Vergleich zum Referenzwert auf (38 % ±5 %).
- Die Zugabe der synthetischen Auxine 2,4-D sowie NAA verursachen im Vergleich zur unbehandelten Kontrolle mit 88 % ±4 % bzw. 87 % ±3 % ein häufigeres Vorkommen von Kategorie IV und mit 9 % ±5 % bzw. 11 % ±5 % seltener Kategorie III.
- Auch die Zellen nach Zugabe von NPA bzw. TIBA weisen mit 72 % ±1 % bzw. 73 % ±3 % häufiger Kategorie IV und mit 25 % bzw. 23 % ±5 % seltener Kategorie III auf als die unbehandelte Linie.

An Tag 6 (Abb. 3-6 F) werden nach der jeweiligen Hemmstoffzugabe mehr Signalpositionen Kategorie IV (Signal rund um den Kern) zugeordnet als bei der unbehandelten Line. Es ist jedoch für die mit Auxinen und Phytotropinen behandelten Zellen wie bei der Kontrolle ein Anstieg von Kategorie III (Signal rund um den Kern mit Kontakt zur Zellwand) zu erkennen. Dieser Anstieg ist allerdings deutlich geringer als bei der unbehandelten Zelllinie:

- Wie schon an Tag 5 beobachtet (Abb. 3-6 E), ist der Unterschied zum Referenzwert (53 % ±4 %) für Kategorie IV (Signal rund um den Kern) nach Zugabe des natürlichen Auxins IAA (82 % ±2 %) am auffälligsten. Kategorie III

(Signal rund um den Kern und teilweise Kontakt zur Zellwand) tritt mit 18 % ±3% zwar etwas häufiger auf als an Tag 5, jedoch immer noch deutlich seltener im Vergleich zum Referenzwert (45% ±2 %).

- Auch die Zugabe von 2,4-D (97 % ±7 %) sowie von NAA (71 % ±6 %) bewirkt an Tag 6 ebenfalls ein häufigeres Vorkommen von Kategorie IV als bei der unbehandelten Linie (45% ±2 %). Kategorie III tritt mit 20 % ±6 % sowie 28 % ±5 % seltener im Vergleich zum Referenzwert auf (53 % ±4 %).
- Die Häufigkeit von Kategorie IV beträgt bei TIBA 66 % ±3 % bzw. bei NPA 64 % ±2 % und liegt damit über dem Referenzwert (53 % ±4 %). Kategorie III tritt bei TIBA mit 32 % ±4 % und bei NPA mit 35 % ±2 % auf (Referenzwert: 45% ±2 %).

Am siebten und letzten Tag des Kulturzyklus (Abb. 3-6 G) tritt bei der unbehandelten Lifeact::psRFP Linie Kategorie III (Signalposition, die rund um den Kern lokalisiert ist und teilweise im Kontakt zur Zellwand steht) häufiger auf als Kategorie IV (Signalposition, die losgelöst von der Zellwand ist). Jener Effekt bleibt bei der ersten untersuchten Hemmstoffgruppe (Auxine und Phytotropine) aus und das Signal bleibt vorwiegend losgelöst von der Zellwand (Kategorie IV):

- 2,4-D weist hier den größten Effekt auf: 80 % ±5 % der Zellen weisen eine Signalposition auf, die Kategorie IV (Signal rund um den Kern) zuzuordnen ist (Referenzwert: 43 % ±4 %). Nur 19 % ±6 % werden der Kategorie III (Signal rund um den Kern und teilweise Kontakt zur Zellwand) zugeteilt (Referenzwert: 55 % ±4 %).
- Durch Zugabe von IAA bzw. NAA tritt Kategorie IV an Tag 7 mit 74 % ±1 % bzw. 73 % ±6 % auf. Kategorie III tritt mit 25 % ±1 % bzw. 24 % ±6 % weniger als bei der unbehandelten Lifeact::psRFP Linie.
- Der Effekt ist an Tag 7 bei den Phytotropinen am geringsten. Die Zugabe der Phytotropine TIBA bzw. NPA bewirkt, dass Kategorie IV mit 72 % ±1 % bzw. 59 % ±1 % häufiger und Kategorie III mit 27 % ±2 % bzw. 38 % ±1 % seltener im Vergleich zum Referenzwert (55 % ±4 %) auftreten.
- An Tag 7 sowie auch bereits an Tag 5 und 6 sind einseitige Signalpositionen (Kategorie I und Kategorie II) sowohl bei den Zellen ohne bzw. mit Hemmstoffzugabe sehr gering vertreten (jeweils ≤2 %).

Zusammenfassend kann man beobachten, dass das Loslösen des Signals von der Zellwand zu Beginn des Kulturzyklus (Tag 1 bis 3) durch Auxine und Phytotropine verzögert ist und der Kontakt des Signals zur Zellwand am Ende des Kulturzyklus (ab Tag 5 bei Phytotropinzugabe, ab Tag 4 bei Auxinzugabe) ebenfalls langsamer verläuft als bei der unbehandelten Zelllinie. Der Übergang zwischen den Kategorien III und IV am Beginn bzw. von Kategorie IV zu III am Ende des Kulturzyklus ist somit verzögert.

Abbildung 3-6 Auswertung der Signalpositionen nach Zugabe von jeweils 10 µM Auxinen und Phytotropinen im Vergleich zur unbehandelten Kontrolle

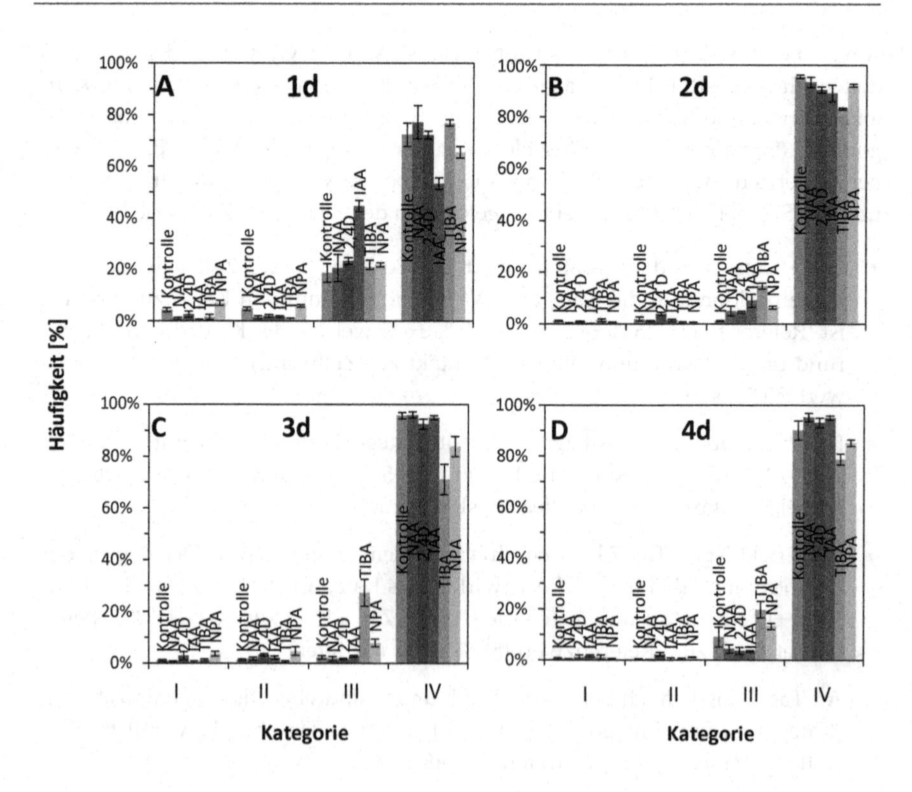

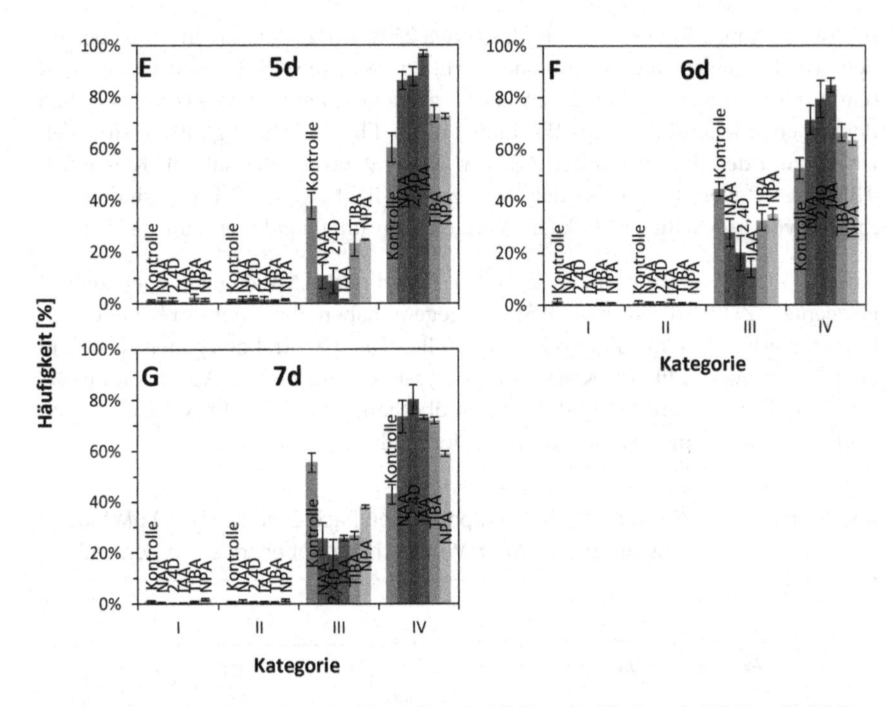

(A) Signalpositionen an Tag 1, (B) an Tag 2, (C) Tag 3, (D) Tag 4, (E) Tag 5, (F) Tag 6, (G) Tag 7 im Kulturzyklus. Die x-Achse stellt die vier Kategorien dar. Die y-Achse zeigt, wie häufig die jeweilige Kategorie auftritt. Es wurden insgesamt 1500 Zellen pro Tag ausgewertet. Der Standardfehler ergibt sich aus drei unabhängige experimentelle Serien.

Referenzwert ohne Hemmstoffe (Kontrolle): grauer Balken, Hemmstoffe von links nach rechts: NAA (hellrot), 2,4-D (dunkelrot), IAA (bordeauxrot), TIBA (orange), NPA (gelb).

3.2.1.2 IAA verlangsamt die Kernwanderung in und aus dem Zellzentrum

Nun stellt sich die Frage, ob der verzögerte Übergang zwischen den Kategorien der Signalpositionen mit einer verzögerten Kernmigration korreliert. Das natürliche Auxin IAA wies die auffälligsten Effekte vor und nach der exponentiellen Phase, also an Tag 1 und 5 nach der Hemmstoffzugabe, auf (siehe Abb. 3-6, S. 43) und wird daher zur Auswertung der Kernposition herangezogen.

An Tag 1 (Abb. 3-7 A) sieht man, dass etwa 25 % der Zellen, die mit IAA behandelt wurden, einen lateral gelegenen Zellkern (Klasse 0,15-0,25) aufweisen und damit deutlich mehr Zellen einen lateral gelegenen Zellkern besitzen als Zellen der unbehandelten Lifeact::psRFP Linie (10 %). Ebenfalls häufig (40 %) sind Zellen vorzufinden, bei denen der Zellkern weder zentral, noch lateral (Klasse 0,3-0,35) liegt. Zellen, bei denen der Kern zentral liegt (Klasse 0,4-0,5), sind durch Zugabe von IAA seltener (29 %) im Vergleich zur unbehandelten Linie (43 %).

An Tag 5 (Abb. 3-7 B) besitzen 45 % der Zellen nach IAA-Zugabe einen zentral gelegenen Zellkern (Klasse 0,5). Dagegen haben bei der unbehandelten Lifeact::psRFP Linie nur knapp 7 % der Zellen einen zentral gelegenen Kern. Ein lateral gelegener Zellkern (Klasse 0,15-0,25) ist bei Zugabe von Auxin kaum vorzufinden. Die Klassen 0,15 und 0,2 treten überhaupt nicht auf. Im Vergleich dazu liegt bei 27 % der unbehandelten Zellen der Zellkern lateral.

Abbildung 3-7 Auswertung der Kernpositionen nach Zugabe von 10 µM Indol-3-Essigsäure (IAA) im Vergleich zur unbehandelten Kontrolle

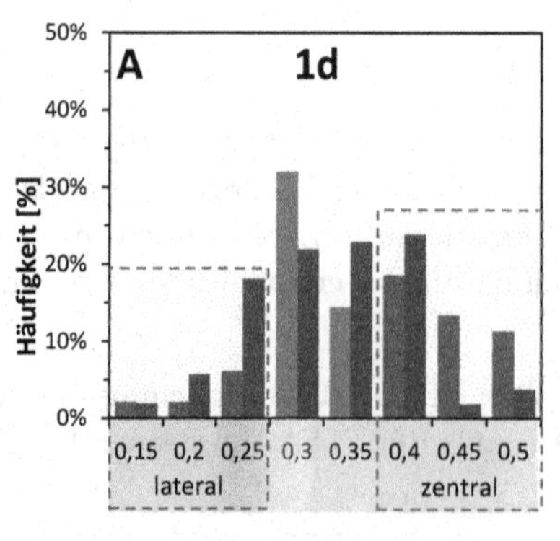

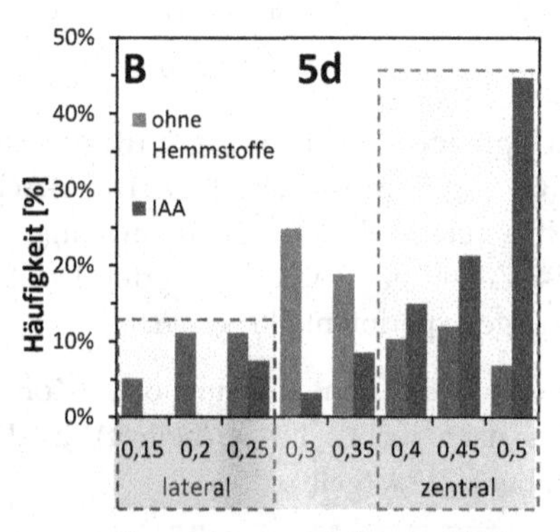

(A) KP an Tag 1, (B) KP an Tag 5 im Kulturzyklus. Die x-Achse zeigt die Klassen von 0,15 bis 0,5 und damit die Lage des Kerns in Bezug zur Zellwand. Die y-Achse zeigt, wie häufig die jeweilige Klasse auftritt. Es wurden insgesamt 100 Zellen pro Tag ausgewertet. Zentrale Lage des Kerns: Feld grün (hellgrau) hinterlegt, laterale Lage: blau (dunkelgrau) hinterlegt.

Referenzwert ohne Hemmstoffe: (hell)grauer Balken, KP nach Zugabe von IAA: bordeauxroter (dunkelgrauer) Balken.

Die Ergebnisse der Auswertung Signalpositionen von Tag 1 und 5 stimmen mit den Ergebnissen der Kernpositionen nach Zugabe von IAA überein (vergleiche Abb. 3-6 A mit Abb. 3-7 A und Abb. 3-6 E mit Abb. 3-7 B):

Am ersten Tag gibt es im Gegensatz zur unbehandelten Linie mehr Zellen mit einem lateral gelegen Kern (Klasse 0,15-0,25: 25 %) und mehr Zellen mit einem Signal, das den Kern rundum umgibt, aber noch mit der Zellwand verankert ist (Kategorie III: 45 % ±5 %) (Referenzwert Klasse 0,15-0,25: 10 %; Kategorie III: 19 % ±2 %).

Am fünften Tag ist das Gegenteil der Fall: Es gibt bedeutend mit mehr Zellen, die eine zentrale Zellkernposition (Klasse 0,5: 25 %) aufweisen, und auch mehr Zellen, die eine Signalposition aufweisen, die nur um den Kern zu finden ist (Kategorie IV: 96 % ±2 %) (Referenzwert Klasse 0,5: 7 %; Kategorie IV: 60 % ±5 %).

Sowohl Signal- als auch Kernpositionen der ersten untersuchten Hemmstoffgruppe (Auxine und Phytotropine) zeigen also eine verzögerte Kernmigration.

3.2.2 Hemmstoffgruppe 2| Hemmstoffe der Aktindynamik

Die zweite Hemmstoffgruppe enthält Hemmstoffe, welche die Aktindynamik beeinflussen. Durch Zugabe von 1 μM Phalloidin wird der Frage nachgegangen, wie sich Signal- und Kernpositionen ändern, wenn die dynamische Reorientierung der Aktinfilamente, die das perinukleäre Netzwerk bilden, manipuliert wird. Das Cyclopeptid Phalloidin bindet an F-Aktin, verhindert dessen Depolymerisierung und stabilisiert so Aktinfilamente.

Zudem wurden Latrunculin B und Cytochalasin D eingesetzt (siehe Anhang Abb. 6-2 a, S.93). Diese binden an G-Aktin, woraufhin die Aktinpolymerisierung inhibiert ist und damit die Aktindynamik gestört wird. Die stärksten Effekte sind jedoch bei Phalloidinzugabe beobachtet worden, weshalb im Folgenden ausschließlich die Ergebnisse nach Phalloidinzugabe dargestellt werden.

3.2.2.1 Durch die Phalloidinzugabe bleibt das Signal länger rund um den Nukleus bestehen

Am ersten Tag nach der Phalloidinzugabe (Abb. 3-8 A) ist das Signal kaum mehr im Kontakt mit der Zellwand (Kategorie III) und im Vergleich zur unbehandelten Lifeact::psRFP Linie bereits häufiger korbartig rund um den Kern vorhanden (Kategorie IV):

- Mit 86 % ±5 % tritt Kategorie IV (Signal rund um den Kern) bereits zu Beginn des Kulturzyklus häufiger auf als im Vergleich zum Referenzwert (72 % ±4 %). Kategorie III (Signal um Kern und teilweise Kontakt zur Zellwand) tritt mit 11 % ±5 % bei Zugabe von Phalloidin seltener auf als beim Referenzwert (19 % ±2 %). Auch Kategorie I (Signal zur Zellwand gerichtet, 1 % ±0,3 %) bzw. II (Signal zur Zellmitte gerichtet, 2 % ±0,4 %) sind seltener vertreten (Referenzwert 4 % ±1 % bzw. 5 % ±1 %).

Die Häufigkeitsverteilungen der Kategorien der Signalpositionen nach Phalloidinzugabe an Tag 2 und 3 (Abb. 3-8 B und C) ähneln den Häufigkeitsverteilungen der Kategorien von der unbehandelten Zellen:

- 96 % ±1 % der Signalpositionen werden an beiden Tagen zu Kategorie IV (Signal rund um den Kern) zugeordnet. Das gilt sowohl für die mit Phalloidin behandelten Zellen als auch für die unbehandelten Zellen. Kategorie III (Signal um Kern und teilweise Kontakt zur Zellwand) tritt mit zunächst 2 % ±1 % bzw. 0 % wie auch bei der unbehandelten Linie (1 % ±0,1 % und 2 % ±1 %) sehr selten auf. Kategorie I (Signal zur Zellwand gerichtet) mit unter 1 % ±0,3 % und Kategorie II (Signal zur Zellmitte gerichtet) mit bis zu 3 % ±0,4 % sind ebenfalls selten vertreten (Referenzwert 0-1 %).

An Tag 4 (Abb. 2-8 D) bleibt das Signal im Gegensatz zur Kontrolle weiterhin um den Zellkern (Kategorie IV) und steht in keiner Verbindung zur Zellwand (Kategorie III):

- Kategorie IV (Signal rund um den Kern) tritt mit immer noch 96 % ±1 % häufiger auf als bei der unbehandelten Linie (Referenzwert von 90 % ±1 %). Lediglich 2 % ±1 % der Signalpositionen werden Kategorie III (Signal um Kern und teilweise Kontakt zur Zellwand) zugeteilt (Referenzwert: 9 % ±1 %). Kategorie I (Signal zur Zellwand gerichtet) und Kategorie II (Signal zur Zellmitte gerichtet) liegen bei jeweils 1 % ±0,3 %.

An Tag 5, 6 und 7 (Abb. 3-8 E, F und G) bleibt das psRFP-Signal rund um den Kern und die Abnahme von Kategorie IV (Signal um Kern) wird im Vergleich zur unbehandelten Lifeact::psRFP Linie verzögert:

- An Tag 5 tritt Kategorie IV (Signal rund um den Kern) mit 83 % ±6 % häufiger auf als bei der unbehandelten Lifeact::psRFP Linie (60 % ±5 %). Sowohl an Tag 6 mit 63 % ±7 % als auch an Tag 7 mit 55 % ±8 % tritt diese Kategorie im Vergleich zur unbehandelten Linie weiterhin seltener auf (Referenzwert 53 % ±4 % bzw. 43 % ±4 %). Die Zunahme von Kategorie III (Signal um Kern und teilweise Kontakt zur Zellwand) beginnend bei 16 % ±6 % an Tag 5 ist im Vergleich zur unbehandelten Linie bis Tag 7 verzögert (Referenzwert 38 % ±5 %). An Tag 6 tritt diese Kategorie mit 36 % ±7 % auf, an Tag 7 mit 43 % ±7 % (Referenzwerte: 45 % ±2 % bzw. 55 % ±4 %). Eine einseitige Signalposition (Kategorie I und Kategorie II) ist sowohl bei den Zellen mit als auch ohne Phalloidinzugabe sehr gering vertreten (≤ 2 %).

Zusammenfassend kann gesagt werden, dass durch die Zugabe von Phalloidin das Signal länger rund um den Kern ohne Kontakt zur Zellwand bestehen bleibt als bei der unbehandelten Linie. Der Übergang zu Kategorie IV wird an Tag 1 beschleunigt, an Tag 2 und 3 ähneln sich die Werte der Diagramme mit Hemmstoffzugabe denen ohne Hemmstoffzugabe. Ab Tag 4 unterscheiden sich die Werte der Diagramme stark von denen der unbehandelten Linie. Die Signale bei den mit Phalloidin behandelten Zellen bleiben weiterhin am häufigsten um den Kern.

Abbildung 3-8 Auswertung der Signalpositionen nach Zugabe von 1 µM Phalloidin im Vergleich zur unbehandelten Kontrolle

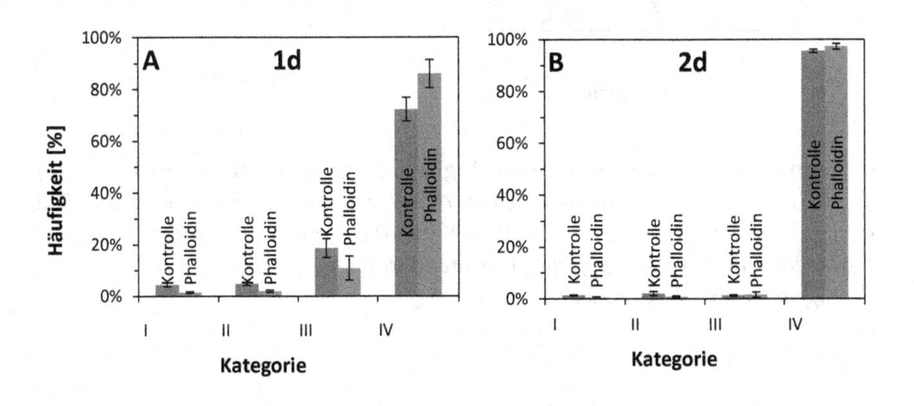

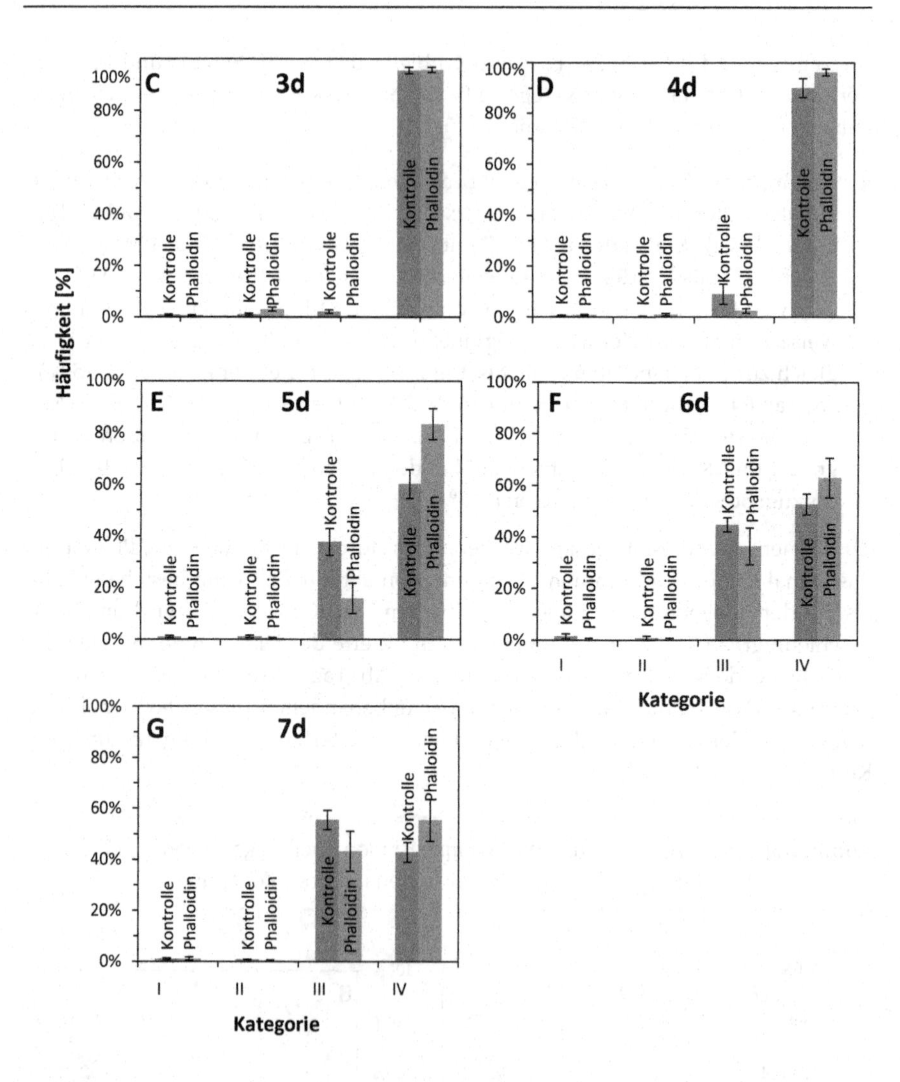

(A) Signalpositionen an Tag 1, (B) an Tag 2, (C) Tag 3, (D) Tag 4, (E) Tag 5, (F) Tag 6, (G) Tag 7 im Kulturzyklus. Die x-Achse stellt die vier Kategorien dar. Die y-Achse zeigt, wie häufig die jeweilige Kategorie auftritt. Es wurden insgesamt 1500 Zellen pro Tag ausgewertet. Der Standardfehler ergibt sich aus drei unabhängige experimentelle Serien.

Referenzwert ohne Hemmstoffe (Kontrolle): (dunkel) grauer Balken, Werte nach Phalloidinzugabe: grüner (hellgrauer) Balken.

3.2.2.2 Phalloidin beschleunigt anfangs die Kernpositionierung zum Zentrum, verzögert dann jedoch die laterale Positionierung am Ende des Kulturzyklus

Ob eine Signalposition, die mit der Zellwand verankert ist, auf einen lateral gelegen Zellkern schließen lässt, oder ob eine Signalposition, die in keiner Verbindung mit der Zellwand steht, auf einen zentral gelegenen Zellkern schließen lässt, kann durch zusätzlicher Überprüfung der relativen Lage des Zellkerns (Kernposition) bestätigt werden. Hierzu wurden die Kernpositionen an Tag 1 und Tag 5 nach Phalloidinzugabe verfolgt. An Tag 1 und 5 sind bei den Ergebnissen der Signalpositionen in Abb. 3-8 die markantesten Unterschiede zu den Referenzwerten festzustellen.

Am ersten Tag nach Zugabe von Phalloidin (Abb. 3-9 A) sind die Zellkerne mit 65 % häufiger im Zentrum der Zelle (Klasse 0,4-0,5) zu beobachten, als bei der unbehandelten Lifeact::psRFP Linie (43 %).

Dieser Effekt ist ebenso an Tag 5 (Abb. 3-9 B) zu sehen. 77 % der Zellen haben einen zentral gelegenen Nukleus (Klasse 0,4-0,5) und weisen damit deutlich häufiger eine zentrale Kernposition auf als Zellen ohne Phalloidinzugabe (29 %). Ein lateral gelegener Zellkern (Klasse 0,15-0,25) kommt mit 7 % im Vergleich zur unbehandelten Linie (27 %) nur selten vor.

Die Ergebnisse der Signalpositionen an Tag 1 und 5 stimmen wie bei der vorherigen Hemmstoffgruppe beobachtet mit den Ergebnissen der Kernpositionen überein (vergleiche Abb. 3-8 A mit Abb. 3-9 A und Abb.3-8 E mit Abb. 3-9 B):

Am ersten Tag sind im Gegensatz zur unbehandelten Linie mehr Zellen mit einem zentral gelegenen Kern (Klasse 0,4-0,5: 65 %) und mehr Zellen mit einem Signal, das allein den Kern rundum umgibt (Kategorie IV: 85 % ±5 %), vorzufinden (Referenzwerte: Klasse 0,4-0,5: 43 %; Kategorie IV: 72 % ±4 %).

Am fünften Tag gibt es (wie an Tag 1) sowohl mehr Zellen, die einen zentral gelegenen Kern (Klasse 0,4-0,5: 77 %) aufweisen als auch mehr Zellen, die in einer Signalposition vorzufinden sind, welche allein den Kern rundum umgibt (Kategorie IV: 83 % ±5 %) (Referenzwert: Klasse 0,4-0,5: 25 % ; Kategorie IV: 60 % ±5 %).

Abbildung 3-9 Auswertung der Kernpositionen nach Zugabe von 1 µM Phalloidin im Vergleich zur unbehandelten Kontrolle

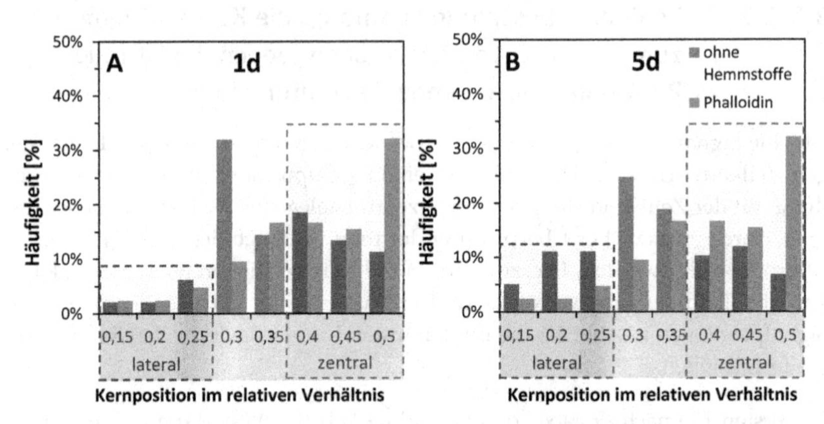

(A) KP an Tag 1, (B) KP an Tag 5 im Kulturzyklus. Die x-Achse zeigt die Klassen von 0,15 bis 0,5 an und damit die Lage des Kerns in Bezug zur Zellwand. Die y-Achse zeigt, wie häufig die jeweilige Klasse auftritt. Es wurden insgesamt 100 Zellen pro Tag ausgewertet. Zentrale Lage des Kerns: Feld grün hinterlegt, laterale Lage: blau hinterlegt.

Referenzwert ohne Hemmstoffe: (dunkel)grauer Balken, Kernpositionen nach Phalloidinzugabe: grüner (hellgrauer) Balken.

Am fünften Tag gibt es (wie an Tag 1) sowohl mehr Zellen, die einen zentral gelegenen Kern (Klasse 0,4-0,5: 77 %) aufweisen als auch mehr Zellen, die in einer Signalposition vorzufinden sind, welche allein den Kern rundum umgibt (Kategorie IV: 83 % ±5 %) (Referenzwert: Klasse 0,4-0,5: 25 % ; Kategorie IV: 60 % ±5 %).

Die Ergebnisse der Signal- und Kernpositionen der zweiten untersuchten Hemmstoffgruppe zeigen, dass die Zugabe von Phalloidin anfangs (Tag 1) die Kernpositionierung zum Zentrum beschleunigt, wodurch das Signal bereits vor der exponentiellen Phase von der Zellwand losgelöst wird. Nach der exponentiellen Phase (ab Tag 5) wird die laterale Kernpositionierung und die Verankerung des Signals mit der Zellwand bis zum Ende des Kulturzyklus verzögert. Der Kern bleibt dadurch länger mit dem *nuclear basket* im Zellzentrum.

3.2.3 Hemmstoffgruppe 3| Die Myosininhibitoren

Um herauszufinden, in welcher Weise Myosininhibitoren das *nuclear basket* hinsichtlich Signal- und Kernposition beeinflussen, wurden 2,5 mM 2,3-Butandionmonoxim (BDM) bzw. 20 µM Blebbistatin getestet.

Beide Inhibitoren hemmen den Kraftschlag des Myosinköpfchens, indem der ADP·Pi gebundene Zustand des Myosins stabilisiert wird. Durch Zugabe von BDM wird unter anderem der Vesikeltransports gehemmt und die Organisation des Aktinzytoskeletts gestört. Über die Wirkungsweise von Blebbistatin auf pflanzliche Myosine ist bisher allerdings nur wenig bekannt.

3.2.3.1 Durch Zugabe von Myosininhibitoren bleibt das Signal länger rund um den Zellkern, nach der exponentiellen Phase wird die Verankerung des Signals mit der Zellwand verzögert.

Ein Tag nach Zugabe der Myosininhibitoren (Abb. 3-10 A) sind bereits mehr Signalpositionen rund um den Zellkern vorzufinden (Kategorie IV) als bei der unbehandelten Lifeact::psRFP Linie. Dieser Effekt ist verstärkt nach Blebbistatinzugabe erkennbar:

- Im Gegensatz zum Referenzwert (72 % ±4 %) sind nach Blebbistatinbehandlung 90 % ±1 % der Signalpositionen zu Kategorie IV zuzuordnen. Mit 7 % ±0,3 % kommen im Vergleich zur unbehandelten Lifeact::psRFP Linie (19 % ±4 %) weniger Signalpositionen vor, die zu Kategorie III (Signal um Kern und teilweise Kontakt zur Zellwand) eingeordnet werden.

- Die Behandlung mit BDM verursacht eine ähnliche Häufigkeitsverteilung der Kategorien wie die der unbehandelten Linie. Kategorie IV weist mit 77 % ±6 % im Vergleich zum Referenzwert (72 % ±4 %) minimal erhöhte Werte auf. 21 % ±6 % der Signalpositionen werden der Kategorie III zugeteilt (Referenzwert: 19 % ±4 %). Sowohl Kategorie I (Signal zur Zellwand gerichtet) als auch Kategorie II (Signal zur Zellmitte gerichtet) treten mit jeweils 1 % ±0,2 % im Vergleich zum Referenzwert (4 %±1% bzw. 5 % ±1 %) seltener auf.

In der exponentiellen Phase, an Tag 2, 3 und 4 (Abb. 3-10 B, C und D) sind nach Hemmstoffzugabe lediglich minimale Unterschiede zu der unbehandelten Lifeact::psRFP Linie festzustellen:

- An Tag 2 tritt durch Zugabe von BDM Kategorie III (Signal um Kern und teilweise Kontakt zur Zellwand) mit 7 % ±2 % noch häufiger auf als im Vergleich zur Kontrolle (1 % ±0,2 %). Die Werte für Kategorie IV (Signal rund um den Kern) liegen mit 90 % ±0,3 % leicht unter denen des Referenzwerts (96 % ±1 %), danach sind die Werte an Tag 3 mit jeweils nur 1 % Unterschied für Kategorie III und IV nahezu gleich. Am vierten Tag tritt Kategorie IV mit 95 % ±1 % häufiger auf (Referenzwert: 90 % ±1 %) und der Wert für Kategorie III liegt mit nur 4 % ±1 % leicht unter dem Referenzwert (9 % ±1 %).

- Das Schaubild der Signalpositionen nach Blebbistatinzugabe unterscheidet sich an Tag 2 und 3 für alle vier Kategorien nur um 1-2 % von den Referenzwerten. An Tag 4 tritt Kategorie III mit 15 % ±3 % häufiger auf als bei der unbehandelten Linie (9 % ±1 %), und Kategorie IV tritt seltener auf (85 % ±3 %) im Vergleich zum Referenzwert (90 % ±1 %).
- Kategorie I und Kategorie II treten an Tag 2 bis 4 sowohl bei der mit Myosininhibitoren behandelten Linie als auch bei der unbehandelten Linie sehr selten auf (≤1 %).

Fünf Tage nach der Zugabe der Myosininhibitoren (Abb. 3-10 E) nimmt die Häufigkeit von Kategorie IV (Signal rund um den Kern) zwar ab, jedoch ist diese Abnahme geringer als bei der unbehandelten Lifeact::psRFP Linie:

- An Tag 5 nach der Zugabe von BDM werden immer noch 89 % ±4 % der Signalpositionen zu Kategorie IV zugeordnet. In der unbehandelten Linie sind es nur noch 60 % ±5 %. Kategorie III (Signal um Kern und teilweise Kontakt zur Zellwand) tritt mit 10 % ±5 % im Vergleich zum Referenzwert (38 % ±5 %) seltener auf.
- Die Abnahme von Kategorie IV ist nach Blebbistatinzugabe mit immer noch 74 % ±5 % ebenfalls geringer als bei der unbehandelten Linie (60 % ±5 %). Die Zunahme von Kategorie III ist mit 24 % ±6 % auch geringer im Vergleich zum Referenzwert (38 % ±5 %).
- Einseitige Signalpositionen (Kategorie I und Kategorie II) sind sowohl bei den Zellen ohne Myosininhibitorzugabe als auch bei denen mit Inhibitorzugabe gering vertreten (≤ 2 %).

Wie bereits an Tag 5 beobachtet bleibt auch an Tag 6 das Signal im Gegensatz zur unbehandelten Lifeact::psRFP Linie hauptsächlich rund um den Kern ohne Kontakt mit der Zellwand (Kategorie IV):

- Nach Zugabe von BDM werden 95 % ±7 % der Signalpositionen Kategorie IV (Signal rund um den Kern) zugeordnet Kategorie III (Signal um den Kern und teilweise Kontakt zur Zellwand) ist nach die Zugabe von BDM mit nur 14 % ±8 % im Vergleich zu 45 % ±3 % in der unbehandelten Linie vertreten.

- Nach Blebbistatinzugabe werden die Signalpositionen mit einer Häufigkeit von 72 % ±5 % öfter zu Kategorie IV und mit 25 % ±4 % seltener zu Kategorie III im Vergleich zur unbehandelten Kontrolle zugeteilt (Referenzwert Kategorie IV: 53 % ±4 %, Referenzwert Kategorie III: 45 % ±3 %).

An Tag 7 (Abb. 3-10 G) ähneln sich die Häufigkeitsverteilungen der Kategorien der unbehandelten Lifeact::psRFP Linie und die Verteilung der Kategorien nach Blebbistatinzugabe. Durch Zugabe von BDM sind im Vergleich zum Referenzwert immer noch mehr Signalpositionen Kategorie IV (Signal rund um den Kern) zuzuordnen:

- Die Werte der mit BDM behandelten Lifeact::psRFP Linie schwanken an Tag 7 stark (bis zu 13 %). Kategorie IV (Signal rund um den Kern) ist mit 56 % ±13 % häufiger, Kategorie III (Signal um Kern und teilweise Kontakt zur Zellwand) mit 43 % ±13 % seltener im Vergleich zu den Referenzwerten (Kategorie III: 55 % ±4 %, Kategorie IV: 43 % ±4 %).
- Bei der mit Blebbistatin behandelten Linie tritt Kategorie IV mit 41 % ±1 % beinahe gleich häufig auf wie bei der unbehandelten Linie (Referenzwert 43 ±4 %), Kategorie III ist mit 58 % ±1 % häufiger vorzufinden im Vergleich zum Referenzwert (55 % ±4 %).
- Wie an Tag 6 beobachtet, ist eine einseitige Signalposition (Kategorie I und II) sowohl in der behandelten als auch unbehandelten Linie sehr selten (>1 %).

Wie bei Phalloidinzugabe, aber im Gegensatz zu den Experimenten mit den Auxinen und Phytotropinen, wirken die Myosininhibitoren zunächst (Tag 1) so, dass die Zunahme von Kategorie IV (Signal rund um den Kern) schneller abläuft. Dieser Effekt ist nach Blebbistatinzugabe deutlicher als nach Zugabe von BDM. An Tag 2 bis 4 ähneln sich die Diagramme der Kontrolle mit denen der Myosininhibitoren und das Signal bleibt rund um den Zellkern. Nach der exponentiellen Phase, ab Tag 5, bleibt das Signal weiterhin rund um den Kern und der Anstieg von Kategorie III (Signal um Kern und teilweise Kontakt zur Zellwand) ist verzögert. Im Gegensatz zu Tag 1 ist dieser Effekt ab Tag 6 nach Zugabe von BDM größer als nach Blebbistatinzugabe.

Abbildung 3-10 Auswertung der Signalpositionen nach Zugabe von 2,5 mM BDM bzw. 20 µM Blebbistatin im Vergleich zur unbehandelten Kontrolle

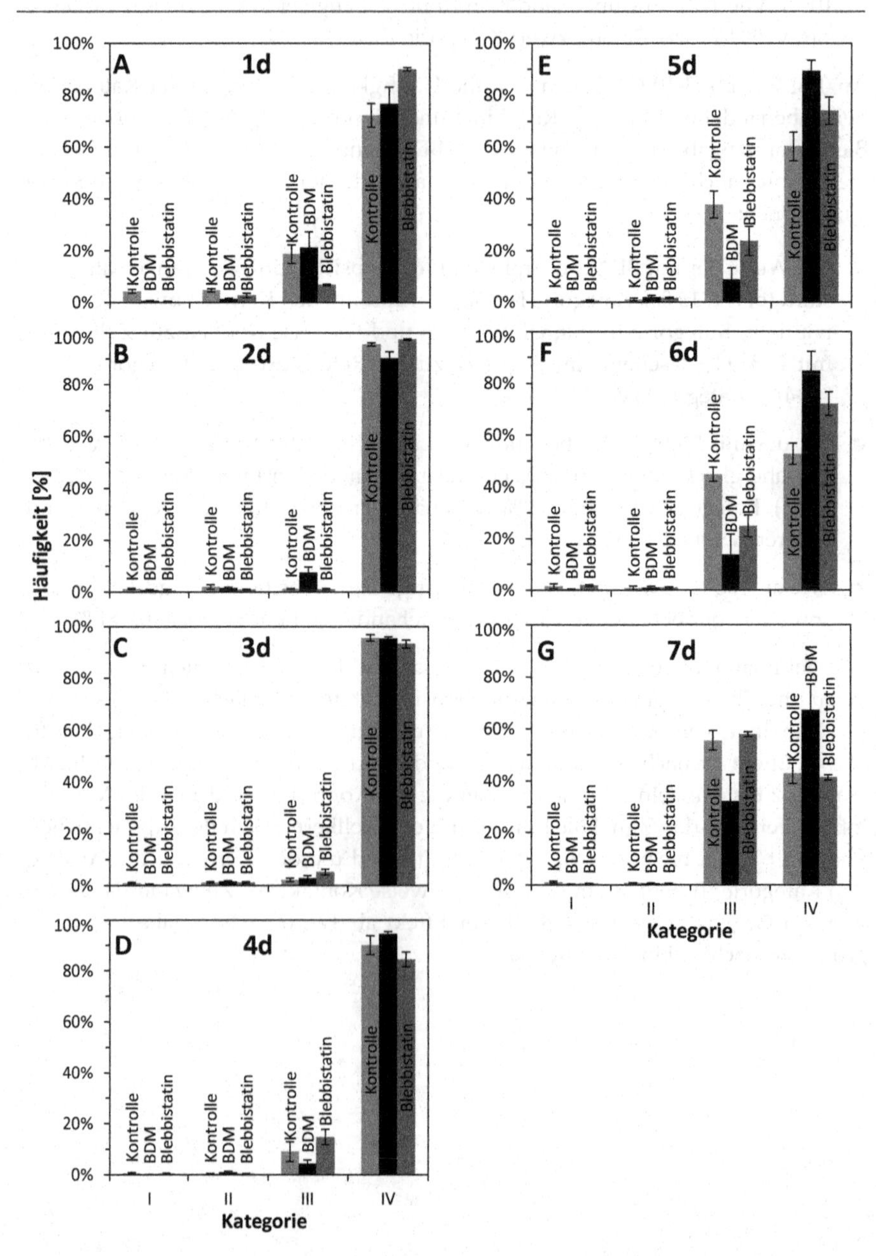

(A) Signalpositionen an Tag 1, (B) an Tag 2, (C) Tag 3, (D) Tag 4, (E) Tag 5, (F) Tag 6, (G) Tag 7 im Kulturzyklus. Die x-Achse stellt die vier Kategorien dar. Die y-Achse zeigt, wie häufig die jeweilige Kategorie auftritt. Es wurden insgesamt 1500 Zellen pro Tag ausgewertet. Der Standardfehler ergibt sich durch drei unabhängige experimentelle Serien.

Referenzwert ohne Hemmstoffe (Kontrolle): grauer Balken, BDM: dunkelblaue (dunkelgraue) Balken, Blebbistatin: hellblauer (hellgrauer) Balken

3.2.3.2 Myosininhibitoren beschleunigen zunächst die Kernpositionierung in das Zentrum der Zelle und verzögern nach der exponentiellen Phase die laterale Positionierung

Um zu untersuchen, ob die Signalposition mit der Lage des Zellkerns (Kernposition) korreliert, wurde die Kernposition nach Myosininhibitorgabe an Tag 1 und 5 im Kulturzyklus untersucht.

An Tag 1 ist der Unterschied zum Referenzwert bezüglich Kategorie III und IV nach Zugabe von Blebbistatin stärker als nach Zugabe von BDM. Blebbistatin wies zudem die geringsten Abweichungen zwischen den einzelnen Messungen auf, sodass der Standardfehler stets niedrig war. Aus diesen Gründen wurden die Kernpositionen nach Blebbistatinzugabe an Tag 1 und 5 zur Auswertung dieser Hemmstoffgruppe herangezogen.

Ein Tag nach Hemmstoffzugabe (Abb. 3-11 A) weisen 81 % der mit Blebbistatin behandelten Zellen einen zentral gelegenen Zellkern (Klasse 0,4-0,5) auf. Damit sind deutlich mehr Zellkerne im Zentrum der Zelle als bei den Zellen ohne Blebbistatinbehandlung (Referenzwert: 43 %). Circa 2 % der Zellen weisen nach Zugabe von Blebbistatin einen lateral gelegenen Nukleus (Klasse 0,15-0,25) auf. Ohne Hemmstoffzugabe liegen hingegen am ersten Tag des Kulturzyklus noch 10 % der Zellkerne lateral.

An Tag 5 (Abb. 3-11 B) weisen knapp 60 % der Zellen einen zentral gelegenen Nukleus (Klasse 0,4-0,5) auf (Referenzwert: 29 %). Eine laterale Kernposition (Klasse 0,15-0,25) ist mit 7 % seltener vertreten im Vergleich zum Referenzwert (27 %).

Abbildung 3-11 Auswertung der Kernpositionen nach Zugabe von 20 µM Blebbistatin im Vergleich zur unbehandelten Kontrolle

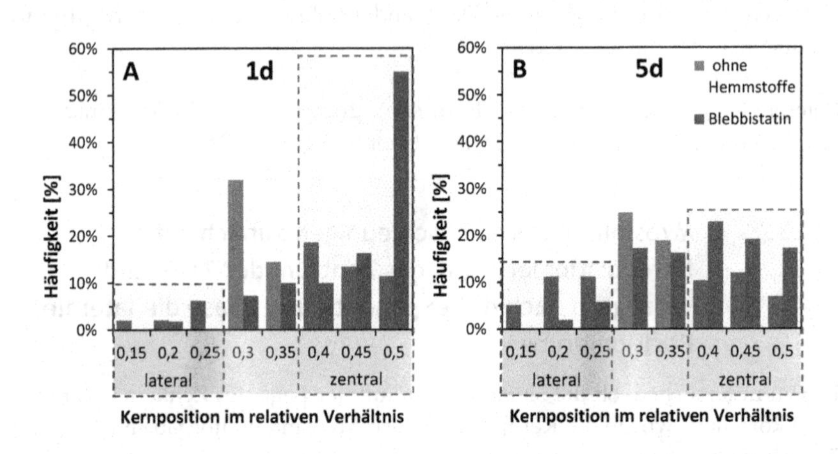

(A) KP an Tag 1, (B) KP an Tag 5 im Kulturzyklus. Die x-Achse zeigt die Klassen von 0,15 bis 0,5 an und damit die Lage des Kerns in Bezug zur Zellwand. Die y-Achse zeigt, wie häufig die jeweilige Klasse auftritt. Es wurden insgesamt 100 Zellen pro Tag ausgewertet. Zentrale Lage des Kerns: Feld grün hinterlegt, laterale Lage: blau hinterlegt.

Referenzwert: (hell) grauer Balken, Blebbistatin: blauer (dunkelgrauer) Balken.

Die Ergebnisse der Signalposition an Tag 1 und 5 stimmen mit den Ergebnissen der Kernposition nach Blebbistatinzugabe überein (vergleiche Abb. 3-10 A mit Abb. 3-11 A und Abb.3-10 E mit Abb. 3-9 11):

Am ersten Tag gibt es im Gegensatz zur unbehandelten Linie mehr Zellen mit einem zentralgelegen Kern (Klasse 0,4-0,5: 81 %). Die meisten Zellen weisen ein Signal auf, das den Kern rundum umgibt (Kategorie IV: 90 % ±1 %) (Referenzwert: Klasse 0,4-0,5: 43 %; Kategorie IV: 72 % ±4 %).

Wie bei der Signalposition beobachtet, ist der Unterschied zur unbehandelten Linie an Tag 5 bei der Kernposition geringer: Es gibt mehr Zellen, die eine zentrale Kernposition (Klasse 0,4-0,5: 60 %) aufweisen, und auch mehr Zellen, die eine Signalposition aufweisen, welche nur um den Kern zu finden ist (Kategorie IV: 74 % ±5 %) (Referenzwert: Klasse 0,4-0,5: 29 %; Kategorie IV: 60 % ±5 %).

Signal- und Kernpositionen der dritten Hemmstoffgruppe zeigen, dass Myosininhibitoren zunächst (Tag 1) die Kernpositionierung in das Zentrum der Zelle beschleunigen, wodurch das Signal frühzeitiger von der Zellwand gelöst wird. Nach der exponentiellen Phase (ab Tag 5) wird die laterale Positionierung und damit die Verankerung des Signals mit der Zellwand im Vergleich zur unbehandelten Linie verzögert.

3.2.4 Die Zugabe von Zellteilungshemmstoffen, niedrig konzentrierten Mikrotubulihemmstoffen als auch weiteren Hemmstoffen der Aktindynamik erzeugen geringe Effekte auf die Kernbewegung.

Wie bereits in 3.2.2 erwähnt wurden mit Latrunculin B (LatB) und Cytochalasin D (CytD) neben Phalloidin weitere Hemmstoffe eingesetzt, welche die Aktindynamik beeinflussen. Die Auswertung der Signalpositionen nach Zugabe von LatB und CytD zeigte jedoch, dass diese im Vergleich zu den Ergebnissen nach Phalloidinzugabe nur geringe Effekte auf die Kernbewegung haben (siehe Anhang Abb. 6-2 a, S.88).

Zusammen mit Mikrotubuli sind Aktinfilamente an der prämitotischen Kernbewegung beteiligt (Frey, 2011, Klotz und Nick 2012). Daher wurde der Mikrotubuliinhibitor Oryzalin verwendet. Jedoch starben die Zellen drei Tage nach Oryzalinbehandlung ab. Es musste eine sehr niedrige Konzentration von nur 50 nM eingesetzt werden, welche zu gering war um Effekte hervorzurufen (siehe Anhang Abb. 6-2b, S.92).

Caffein, PTX und 2-Butanol können als Zellteilungshemmstoffe zusammengefasst werden. Sie inhibieren die Zellteilung allerdings auf unterschiedliche Weise. Caffein inhibiert die Zellwandbildung und so die Zytokinese (Meyer und Herth, 1978; Nagata und Amino, 1996).

PTX, das Exotoxin von *Bordetella pertussis,* ist ein AB-Toxin und wird als Inhibitor von heterotrimeren G-Proteinen verwendet, wodurch G-Protein beteiligte Signalwege in Pflanzenzellen beeinflusst werden (Warpeha *et al.*, 1991; Wu und Assmann, 1994; Ritchie und Gilroy, 2000). Ein ADP-Ribosylrest wird von NAD auf einen Cystein-Rest der α-Untereinheit des G-Proteins übertragen und somit inaktiviert. Dies kann wiederum eine Hemmung der Zellteilung zur Folge haben (Campanoni und Nick, 2005).

2-Butanol überführt GTP/GDP in die aktivierte GTP Form, die somit die hochkonservierte Phospoholipase D als Schlüsselenzym des Signalwegs in Pflanzen aktiviert (Munnik *et al.*1995), wodurch die Zellteilung gefördert wird. Die Untersuchung der Signalpositionen dieser Hemmstoffgruppe zeigt, dass obgleich die Zellteilung beeinflusst wird, die Kernbewegung weiterhin normal ablaufen kann (siehe Anhang Abb. 6-2c, S.95).

3.3 Zusammenfassung

Um der Frage nachzugehen, wie der Kern der Zelle Polarität aufprägt, diese an die Tochterzellen weitergibt und welche Rolle das ihn umgebende Aktinnetzwerk dabei spielt, wurde die Kernbewegung anhand einer transgene Linie untersucht, die mittels Lifeact::psRFP ausschließlich eine perinukleäre Aktinpopulation markiert.

Der erste Teil dieses Kapitels befasste sich mit der Beschreibung der transgenen Linie hinsichtlich der Lage des perinukleären Netzwerks (Signalposition) und der Lage des Zellkerns (Kernposition) sowie der Reorientierung des perinukleären Aktinnetzwerks.

Die Signalpositionen wurden anhand von Momentaufnahmen an Tag 1 bis Tag 7 im Kulturzyklus in vier Kategorien unterteilt und ausgewertet. Die Auswertungen zeigten, dass das perinukleäre Aktinnetzwerk den Zellkern wie ein Korb von allen Seiten umgibt und ein *nuclear basket* formt, welches vor (Tag 1) und nach (ab Tag 5) der exponentiellen Phase mit der Zellwand verankert wird. Um die Vermutung zu bestätigen, dass ein mit der Zellwand verankertes Signal mit einem lateral gelegenen Nukleus korreliert, wurde zusätzlich die Kernposition untersucht. Dafür wurde die relative Lage des Zellkerns zur Zellwand an Tag 1 und Tag 5 im Kulturzyklus ermittelt und mit den Ergebnissen der Signalpositionen verglichen. Signal- und Kernpositionen zeigen während der exponentiellen Phase (Tag 2 bis 4) eine zentrale Kernposition mit einem *nuclear basket,* welches losgelöst von der Zellwand ist. Ab Tag 5 wurde das *nuclear basket* zunehmend mit der Zellwand verankert und der Zellkern an die Peripherie bewegt.

Mittels Langzeitaufnahmen wurde die Reorientierung des perinukleären Aktinnetzwerks während des Zellzyklus verfolgt. Vor der Teilung war das Aktinnetzwerk ausschließlich korbartig um den Kern vorzufinden. Die Aktinfilamente des *nuclear basket* entbündelten sich während der G2-Phase, das *nuclear basket* wurde in der Prophase der einsetzenden Mitose großmaschiger bis es während der Ana- und Telophase in der Mitte der nun ovalen Struktur an einer Art „Sollbruchstelle“ auseinanderriss. Anschließend kam es zu einer Bündelung der Aktinfilamente des *nuclear baskets*, wodurch das Netzwerk in Richtung der jeweiligen Zellmitte der zukünftigen Tochterzelle kontrahierte. Danach umschloss das *nuclear basket* die Tochterkerne zur neu entstehenden Querwand hin und umgab die Kerne wieder von allen Seiten. G0-Phasenzellen, bei denen das Signal nur einseitig vorhanden war und sich kein *nuclear basket* formte, teilten sich nicht mehr. Die Langzeitstudien zeigten, dass bei diesen Zellen das Lifeact::psRFP-Signal stets an einer fixen Position am Zellkern blieb und es zu keiner Reorientierung des perinukleären Aktinnetzwerks kam, der Zellkern sich jedoch ungerichtet intrazellulär hin und her bewegte.

Der zweite Teil dieses Kapitels befasste sich mit der Manipulation der Lage des *nuclear baskets* anhand von Hemmstoffen, die in drei Gruppen eingeordnet wurden (1| Auxine und Phytotropine, 2| Hemmstoffe der Aktindynamik, 3| Myosininhibitoren). Die Signal- und Kernpositionen der mit den jeweiligen Hemmstoffen behandelten Zellen wurden mit den Ergebnissen der unbehandelten Lifeact::psRFP Linie verglichen.

Durch die Behandlung mit Auxinen (IAA, NAA und 2,4D) und Phytotropinen (TIBA und NPA) wurde das Loslösen des Signals von der Zellwand zu Beginn des Kulturzyklus (Tag 1 bis Tag 3) im Vergleich zur unbehandelten Lifeact::psRFP Linie verzögert. Die anschließende Verankerung des Signals mit der Zellwand ab Tag 4 wurde durch Zugabe der Vertreter der ersten untersuchten Hemmstoffgruppe ebenfalls verzögert. Die Untersuchung der Kernposition nach Zugabe von IAA zeigte am ersten Tag häufiger eine laterale Kernposition als bei der unbehandelten Lifeact::psRFP Linie. An Tag 5 lagen im Gegensatz zur unbehandelten Linie die meisten Kerne zentral. Die gesamte Kernbewegung wurde durch die Vertreter der ersten Hemmstoffgruppe verzögert.

Die Hemmstoffe der zweiten Gruppe beeinflussen die Aktindynamik. Die Auswertung der Signalpositionen ergab, dass durch Zugabe von Phalloidin das Signal im Gegensatz zur unbehandelten Linie an allen Tagen hauptsächlich um den Nukleus und losgelöst von der Zellwand vorzufinden war. Die Untersuchung der Kernposition zeigte, dass sowohl an Tag 1 als auch an Tag 5 deutlich mehr Kerne zentral lagen im Vergleich zum Referenzwert. Die anfängliche Kernbewegung in das Zellzentrum (Tag 1) wurde demnach beschleunigt, die anschließende Bewegung an die Peripherie der Zelle (ab Tag 5) wurde verzögert.

Durch die Hemmstoffe der dritten Gruppe, worin die Myosininhibitoren BDM und Blebbistatin eingeordnet wurden, war bereits an Tag 1 das Signal im Gegensatz zur unbehandelten Linie hauptsächlich losgelöst von der Zellwand, also nicht im Kontakt mit der Zellwand. Die anschließende Verankerung des Signals mit der Zellwand ab Tag 4 wurde durch Zugabe der Vertreter der dritten untersuchten Hemmstoffgruppe verzögert. Die Untersuchung der Kernposition nach Zugabe von Blebbistatin zeigte am ersten Tag sowie am fünften Tag häufiger eine zentrale Kernposition als bei der unbehandelten Lifeact::psRFP Linie. Wie bei den Experimenten mit Phalloidin beobachtet und im Gegensatz zu den Experimenten mit den Auxinen und Phytotropinen, wurde also die Kernbewegung in das Zellzentrum erst (bis Tag 4) beschleunigt und nach der exponentiellen Phase (ab Tag 5) verlangsamt.

4 Diskussion

Es ist unklar, wie Zellpolarität manifestiert und nach der Zellteilung an die Tochterzellen weitergegeben wird. Bereits vor der Zellteilung wird der Zellkern mittels Aktinfilamenten an eine bestimmte zentrale Position bewegt. Die Masterarbeit beschäftigte sich mit der Frage, wie der Kern der Zelle Polarität aufprägt.

Unter Einsatz einer transgenen Tabakzelllinie, bei der mittels Lifeact::psRFP lediglich das perinukleäre Aktinnetzwerk markiert ist, konnte die aktinabhängige Kernbewegung untersucht werden. Im ersten Teil der Masterarbeit wurde die transgene Linie über den siebentägigen Kulturzyklus hinsichtlich der Lage des perinukleären Aktinnetzwerks (Signalposition) und der Lage des Zellkerns (Kernposition) beschrieben. Ziel war es, die möglichen Funktionen dieser besonderen Aktinsubpopulation während der Kernwanderung aufzudecken. Die Reorientierung der Aktinfilamente wurde mit Hilfe von Langzeitaufnahmen analysiert. Dabei konnte geklärt werden, wie die Aktinfilamente des perinukleären Netzwerks während der Zellteilung reorientiert werden. Im zweiten Teil der Masterarbeit wurde die Signal- und Kernposition durch Hemmstoffe manipuliert. Zweck hiervon war, die Mechanismen der Kernwanderung bezüglich Auxintransport, Aktindynamik und myosinabhängiger Prozesse zu untersuchen und herauszufinden, welche Einflüsse die Hemmstoffe auf diese Mechanismen haben.

4.1 Beschreibung des *nuclear baskets*

4.1.1 Lifeact::psRFP markiert eine perinukleäre Aktinpopulation, die ein *nuclear basket* formt

Das Aktinzytoskelett muss neben der Positionierung verschiedener Organellen unterschiedlichste Aufgaben an unterschiedlichen Positionen innerhalb der Zelle bewältigen (Frey *et al.*, 2010; Klotz und Nick, 2012). Für diese vielfältigen Aufgaben wird eine unterschiedliche Aktinorganisation und -dynamik benötigt. Da Aktin ein hochkonserviertes Protein ist (siehe 1.3, S.4 f), ist unklar, wie diese funktionelle Vielfalt auf molekularer Ebene reguliert wird. Entweder werden verschiedene Bereiche durch unterschiedliche Aktinisotypen gebildet oder aber die Aktinfilamente werden an ihrer Oberfläche durch unterschiedliche Aktinbindeproteine (ABP) besetzt, die Struktur, Dynamik und Funktion der Aktinfilamente definieren. Beide genannten Möglichkeiten schließen sich gegenseitig jedoch nicht aus. Für die Untersuchung der Kernmigration war es wichtig mit einer Zelllinie zu arbeiten, bei der nur eine Subpopulation von Aktin um den Kern sichtbar war. Dies ist bei der Lifeact::psRFP BY-2 Tabakzelllinie der Fall.

Bei dieser besonderen Zelllinie kann das Lifeact::psRFP Fusionskonstrukt nur an perinukleäre Aktinfilamente binden, welche den Kern korbartig von allen Seiten umgeben und ein *nuclear basket* formen. Wieso dieses Fusionskonstrukt ausschließlich am perinukleären Aktinnetzwerk binden kann, ist auf die Oligomerisierungseigenschaft des psRFP zurückzuführen. Solche fluoreszenten Proteine bilden oftmals große Tetramere (Wiedenmann und Nienhaus, 2006). Wahrscheinlich sind die perinukleären Aktinfilamente nicht so dicht mit ABP besetz, wodurch das große psRFP Tetramer hier binden kann. Kortikale und transvakuoläre Aktinfilamente sind vermutlich zu dicht mit ABP besetzt, so dass das große Tetramer aufgrund sterischer Hinderung nicht binden kann (Durst et. al, 2014). Diese Hinderung durch eine dichte Proteinbesetzung an der Oberfläche von Filamenten ist mit Studien von Leduc *et al.* (2012) an Mikrotubuli vergleichbar, die zeigten, dass es möglich ist, „Staus" auf Mikrotubuli zu verursachen, wenn diese mit Kinesin-8 Motorproteinen besetzt waren.

Andere Studien haben gezeigt, dass verschieden besetzte und damit funktionell unterschiedliche Aktinsubpopulationen unterschieden werden können, indem entweder kleine monomere oder größere tetramere Lifeact-Fusionen verwendet werden (Durst *et al.*, 2014). Dabei wurde das monomere photokonvertierbare Protein mIris (Fuchs *et al.*, 2010) mit dem Aktinbindeprotein Lifeact fusioniert und stabil in Tabak BY-2 Zellen exprimiert. Dieses Konstrukt markierte im Gegensatz zum Konstrukt mit dem photoschaltbaren Protein psRFP ubiquitär Aktinfilamente und nicht nur die perinukleäre Subpopulation.

4.1.2 Das *nuclear basket* ist als räumliches „Gedächtnis" für die prä- und postmitotische Positionierung des Nukleus notwendig

Die Enthüllung einer perinukleären Aktinpopulation mittels Lifeact::psRFP ermöglicht es also erstmals, eine Subpopulation von Aktin zu untersuchen und die Funktion dieser speziellen perinukleären Aktinpopulation, welche ein *nuclear basket* formt, bezüglich der Kernwanderung zu erforschen. Hierfür wurden die Lage des perinukleäre Aktinnetzwerks (Signalposition) sowie die Lage des Zellkerns (Kernposition) an verschiedenen Tagen im Kulturzyklus untersucht.

In der exponentiellen Phase ist der Kern hauptsächlich im Zellzentrum (Siehe Abb. 3-1, S.29, Abb.3-3, S.34). Dabei umgibt das Signal den Kern von allen Seiten in Form des charakteristischen *nuclear baskets* und ist nicht mehr mit der Zellwand verankert. Vor der Zellteilung muss der Kern in der Mitte der Zelle positioniert werden, damit eine Teilung in zwei gleich große Tochterzellen möglich ist. Davor und danach nimmt die Häufigkeit jener Position zu, in welcher das Signal mit der Zellwand verankert wird. Mit dem Loslösen von der Zellwand und dem Hineinschieben oder -ziehen des *nuclear baskets* in die Zellmitte ist die Zellteilung möglich. Ist die Zellteilung abgeschlossen, wandert der Kern wieder an den Rand der Zelle. Dafür wird das *nuclear basket* wieder mit der Zellwand verankert. Der Kern wird wahrscheinlich durch diese perinukleäre Aktinsubpopulation an der Zellwand festgehalten und kann damit nicht mehr in das Zellzentrum wandern. Dieses *nuclear basket* ist vermutlich für die richtige Positionierung des Kerns wichtig und könnte so als eine Art „räumliches Gedächtnis" für die Zellpolarität fungieren.

Ein einseitiges Lifeact::psRFP-Signal, welches die charakteristische Form des *nuclear baskets* verloren hatte, war sehr selten (siehe 3.1, Abb.3-2). Bei Zellen, die länger als sieben Tage kultiviert wurden, trat diese einseitige Signalposition häufiger auf als bei Zellen im regulären siebentägigen Kulturzyklus. *Das nuclear basket* wird bei diesen Zellen, die sich in der G0-Phase des Zellzyklus befinden, abgebaut, weil es vermutlich nicht mehr für die Positionierung des Nukleus benötigt wird, da keine Mitose mehr stattfindet (siehe Abb. 4-3, S.71).

Auch die Auswertungen der Langzeitstudien konnten die Hypothese, dass die Bildung des *nuclear basket* für die Kernpositionierung wichtig ist, bestärken. Sie zeigten, dass sich bei einer einseitigen Signalposition der Kern nur noch ungerichtet in der Zelle bewegt und das Signal an einer fixen Position am Kern, welcher lateral liegt, verharrt (siehe Abb. 3-5, S.39). Mit dieser ungerichteten Bewegung des Zellkerns ist eine Zellteilung nicht mehr möglich. Die perinukleäre Aktinpopulation wird in G0-Phasezellen abgebaut, weil sie ihre Funktion der prä- und postmitotischen Kernpositionierung und Verankerung nicht mehr erfüllen muss.

4.1.3 Das *nuclear basket* als „Polaritätsspeicher" der Zelle?

Die Fragen, wie Zellpolarität von der Mutter- zur Tochterzelle weitergegeben wird, wie das Zytoskelett diese Direktionalität speichern und übertragen kann, sind weitestgehend unerforscht. Die Übertragung der Zellpolarität nach der Zellteilung wird durch bisher unbekannte Signale erzeugt. Sowohl der Nukleus selbst als auch das ihn umgebende perinukleäre Aktinnetzwerk könnte eine Art Gedächtnis für Zellpolarität enthalten, in welchem die Richtungsinformationen gespeichert sind, die an die Tochterzellen übertragen werden.

Protoplastiert man Tabakzellen durch Verdau der Zellwand, so versetzt man sie in einen apolaren Zustand, in welchem Zellachse, Richtung und Polarität aufgehoben sind. Bei der Regeneration der Zellen wird die Zellpolarität durch Reorganisation des Zytoskeletts wiederhergestellt (Zaban *et al.*, 2013). Wie Studien mit protoplastierten BY-2 Lifeact::psRFP Zellen zeigten (Durst *et al.*, 2014), bleibt das *nuclear basket* selbst in diesem Zustand bestehen, was auf seine Funktion als „Polaritätsspeicher" hinweist.

Wie die Langzeitstudien zeigten, blieb das *nuclear basket* vor, während und auch nach der Zellteilung bestehen (siehe Abb.3-4a und b, S.36 f). Das perinukleäre Netzwerk, welches das *nuclear basket* formt (Abb.4-1 A), löste sich nicht auf, sondern dehnte sich durch Entbündelung der Aktinfilamente aus, wurde großmaschig (Abb.4-1 B) und trennte sich an einer Art „Sollbruchstelle" während der Teilung auf (Abb.4-1 C). Jeweils eine Hälfte des *nuclear baskets* wurde an die Tochterzelle weitergegeben. Die Zellkerne der Tochterzellen wurden dann in Richtung der neu entstehenden Querwand vom Aktinnetzwerk umschlossen (Abb.4-1 D und E).

Abbildung 4-1 Reorientierung des perinukleären Aktinnetzwerks, welches ein *nuclear basket* formt

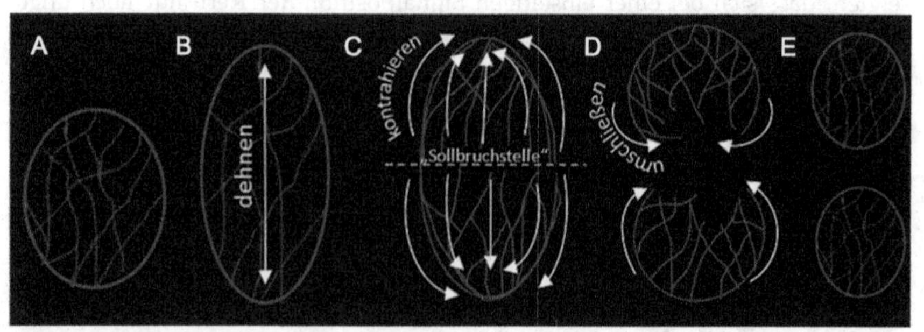

Nuclear basket vor (A-B), während (C-D) und nach (E) der Zellteilung. Die weißen Pfeile verdeutlichen die Reorientierung des Netzwerks.

Durch die gleichmäßige Verteilung des *nuclear baskets* auf die Tochterzellen wird auch die Richtungsinformation des *nuclear baskets* von der Mutterzelle auf die Tochterzellen übertragen, wodurch die Ausrichtung des „Kompass" der Zellpolarität (siehe Einleitung, S.3) nach der Zellteilung in den Tochterzellen wiederhergestellt werden kann. Während nach der Zellteilung ein Zellpol von der Mutterzelle vererbt wird, muss auf der anderen Seite ein neuer Zellpol etabliert werden. Durch die Richtungsinformation, die das *nuclear basket* „speichern" kann, könnte auf der Seite der neuen Querwand ein neuer Zellpol de novo generiert werden und die Zellpolarität manifestiert werden.

4.1.4 Das *nuclear basket* könnte in Pflanzenzellen die Funktion der tierischen Lamina als stabilisierende Stützstruktur des Zellkerns übernehmen

Die Auswertungen der Signal- und Kernpositionen zeigten, dass das *nuclear basket* mit dem Zellkern an die Peripherie, in das Zellzentrum und dann wieder aus dem Zellzentrum bewegt wird (siehe 3.1, S.27 ff). Doch wie wird die prä- und postmitotische Bewegung des pflanzlichen Nukleus bewerkstelligt? Woran am Zellkern wird gezogen bzw. geschoben? Um ihn an seine neue Position zu bewegen, müssen Verankerungspunkte um den Nukleus vorhanden sein. In tierischen Zellen liegt der Zellkern umhüllt von einem Netz aus Intermediärfilamenten vor. Sie erstrecken sich bis zur Plasmamembran und halten so den Zellkern an seinem Platz. In Pflanzenzellen sind jedoch bisher keine Intermediärfilamente nachgewiesen worden. Es muss folglich andere Ankerpunkte am pflanzlichen Zellkern geben. Studien von Durst *et al.* (2014) zeigen anhand eines Modell wie radiale Aktinkabel den Nukleus in das Zellzentrum ziehen. Das den Kern wie ein Korb umgebende perinukleäre Aktinnetzwerk, welches ein *nuclear basket* formt, könnte dabei als Ankerpunkt für die Positionierung des pflanzlichen Zellkerns dienen.

Tierische Zellkerne besitzen als stützende Struktur eine nukleäre Lamina (Abb.4-2). Diese befindet sich direkt unter der Kernmembran und ist aus einem Netz aus Typ IV Intermediärfilamenten, den Laminen (Aebi *et al.*, 1986) aufgebaut. Da Pflanzenzellen keine Intermediärfilamente besitzen, liegt die Frage auf der Hand, wie pflanzliche Zellkerne ohne nukleäre Lamina stabilisiert werden können. Wie mehrmals gezeigt, umhüllt das perinukleäre Aktinnetzwerk den pflanzlichen Kern wie ein Korb von allen Seiten und bleibt während der Zellteilung bestehen. Man kann deshalb annehmen, dass dieses perinukleäre Aktinnetzwerk in Pflanzenzellen solch eine Stützfunktion übernimmt. Analog zur tierischen Lamina ist auch denkbar, dass das perinukleäre Aktinnetzwerk Funktionen bei der Chromatinorganisation, der Regulierung des Zellzyklus und der Reduplikation der DNA übernimmt (Boruc *et al.*, 2012).

Abbildung 4-2 Visualisierung der Lamina in transgenen HeLa LaminA GFP Zellen

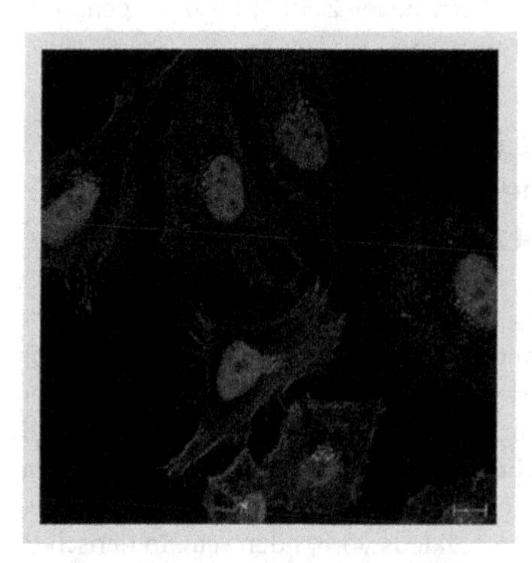

Antikörperfärbung von Lamin A: Rabbit anti-LaminA/C (primärer AK) und Anti-Rabbit mit Cy3 (sekundärer AK), rot (hellgrau).

Aktinfilamente: Phalloidin AlexaFluor® 647, bordeauxrot (dunkelgrau). Golgi Apparat: Mouse anti-GM130 (primärer AK) Anti-Mouse mit AlexaFluor® 488 (sekundärer AK), grün (weiß).

Maßstabsbalken: 10 μm.

Aufgenommen am Zoologisches Institut, Abteilung Zell- und Neurobiologie, KIT, Modul 5208 F2, 2012.

Ein Ziel der Masterarbeit war es zu untersuchen, welche Funktion die durch Lifeact::psRFP markierte perinukleäre Aktinsubpopulation besitzt, die ein *nuclear basket* formt. Das *nuclear basket* könnte neben der Funktion als eine Art räumlichen „Gedächtnis", ein Speicher für Zellpolarität darstellen und zudem als Verankerungspunkt für die Kernbewegung und Stützstruktur des Kerns dienen, welche in tierischen Zellen von der Lamina übernommen wird.

4.2 Manipulation des *nuclear baskets*

Der zweite Teil der Masterarbeit beschäftigte sich mit der Frage, ob und wie sich die Lage des perinukleären Aktinnetzwerks (Signalposition) bzw. des Kerns (Kernposition) durch Hemmstoffe (1| Auxine und Phytotropine, 2| Hemmstoffe der Aktindynamik und 3| Myosininhibitoren) manipulieren lässt.

4.2.1 Eine verzögerte Kernmigration aus dem Zellzentrum könnte zu einer erhöhten Zellteilung führen

Die Auswertungen der Signal- und Kernpositionen ergaben, dass sowohl das Einals auch das Auswandern des Kerns in das bzw. aus dem Zellzentrum durch Zugabe von Auxinen und Phytotropinen verzögert wird (Abb.4-3). Weshalb ähneln sich die Ergebnisse der exogen zugeführten Auxine und die der Phytotropine, die auf die Kernwanderung schließen lassen?

Phytotropine, wie NPA und TIBA, greifen in den direktionalen Auxintransport ein, indem sie den polaren Auxintransport zwischen den Zellen blockieren, wodurch Auxin in der Zelle akkumuliert und der lokale Auxinpegel steigt (Morris *et al.*, 2004). Der lokale Auxinpegel, der ausschlaggebend für eine verzögerte Kernbewegung sein könnte, wird also durch exogen zugeführtes Auxin so wie auch durch Blockierung des Auxinefflux erhöht.

Wie die Ergebnisse der Signalpositionen nach Zugabe von Zellteilungshemmstoffen (siehe Anhang, S.89 ff) zeigten, hat die Inhibierung der Zellteilung kaum Einfluss auf den Verlauf der Kernmigration. Wie wirkt sich jedoch eine verzögerte Kernmigration, wie bei Auxin- und Phytotropinzugabe beobachtet, auf die Zellteilung aus?

Im Gegensatz zu einer erhöhten Auxinkonzentration führt ein Auxinmangel zu einer verzögerten Zellteilung (Chen, 2001). Es ist bekannt, dass Auxine die Zellteilung über G Protein abhängige Signalwege beeinflussen (Ullah *et al.*, 2003) und IAA, NAA und 2,4-D die Zellteilung bei einer Konzentration von 10 μM fördern (Ullah *et al.*, 2003; Campanoni und Nick, 2005). Erwartet wäre somit eine schnelle Kernmigration in das Zellzentrum, da mit einer zentralen Kernposition die Voraussetzung für die Zellteilung (Einleitung der Mitose) gegeben ist. Die Kernmigration ist an Tag 1 entgegen dieser Vermutung nach Zugabe von Auxinen im Vergleich zur unbehandelten Lifeact::psRFP Linie verzögert. In der exponentiellen Phase (Tag 2-4) und damit während der mitotisch aktivsten Phase im Kulturzyklus sind die Zellkerne mit dem *nuclear basket* nach Auxinzugabe jedoch bereits im Zentrum der Zelle. Vor allem die anschließende postmitotische Migration ist durch die Auxinzugabe beeinträchtigt. Aufgrund der verzögerten Kernmigration aus dem Zellzentrum, können sich somit weiterhin Zellen mit einem zentralen Zellkern teilen und werden nicht durch das *nuclear basket* mit der Zellwand verankert.

In der exponentiellen Phase sind also die meisten Kerne so wie die Kerne ohne Hemmstoffzugabe im Zellzentrum und zusätzlich werden sie länger im Zentrum gehalten als Kerne ohne Auxinzugabe, wodurch die Zellteilung erhöht wird.

Die verzögerte Kernbewegung ist auch nach Phytotropinzugabe (TIBA und NPA) zu beobachten. Die Ergebnisse der Signalpositionen zeigten, dass die Kernmigration an Tag 2, 3 und 4 im Kulturzyklus, also in der exponentiellen Phase, im Vergleich zur unbehandelten Lifeact::psRFP Linie etwas verzögert wird. Jedoch ist vor allem die anschließende postmitotische Migration durch die Phytotropinzugabe beeinträchtigt. Durch die verzögerte Kernmigration aus dem Zellzentrum, können sich somit weiterhin Zellen mit einem zentralen Zellkern teilen und werden nicht durch das *nuclear basket* mit der Zellwand verankert.

Nach Zugabe von NPA und TIBA geht überdies die Synchronisierung der Zellteilung, die über den polaren Auxinfluss gesteuert wird, verloren (Maisch und Nick, 2007). Die verzögerte Kernmigration könnte sich also sowohl auf die Zellteilung als auch auf die Synchronisierung der Teilung auswirken.

Abbildung 4-3 Effekte der Hemmstoffe auf die Lage des *nuclear baskets* während des Zellzyklus von BY-2 Lifeact::psRFP Zellen

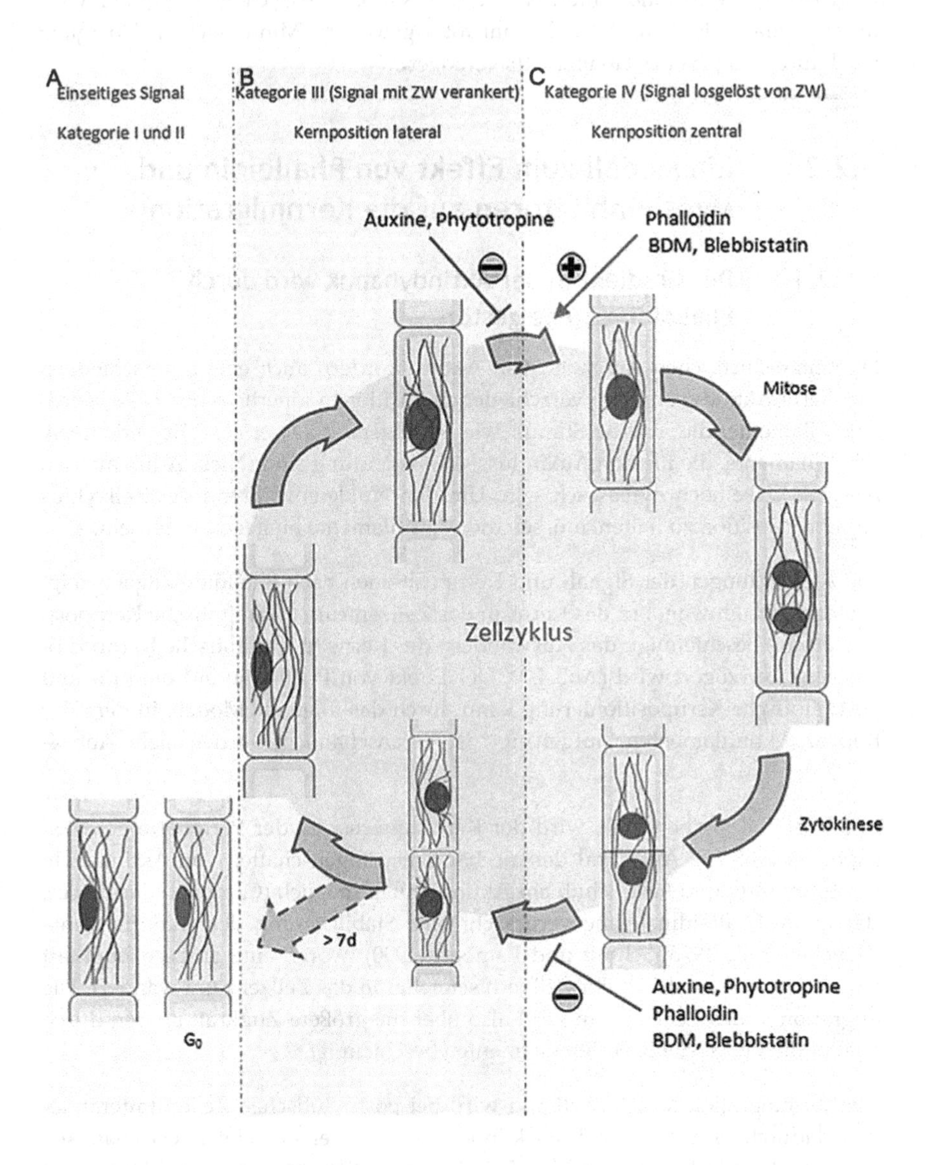

Nukleus: dunkelgrau, Aktinnetzwerk: schwarz, durch Lifeact::psRFP markiertes perinukleäres Aktinnetzwerk: rot (grau), wobei dessen Lage in Kategorie (A) einseitiger Signalposition, (B) Signal mit Zellwand (ZW) verankert, (C) Signal losgelöst von Zellwand unterteilt werden kann. Pluszeichen: Übergang wird durch Zugabe des jeweiligen Hemmstoffs gefördert, Minuszeichen: Übergang wird durch Zugabe des Hemmstoffs verzögert.

4.2.2 Ein Modell zum Effekt von Phalloidin und Myosininhibitoren auf die Kernmigration

4.2.2.1 Der Gradient in der Aktindynamik wird durch Phalloidinzugabe gestört

Die unterschiedlichen Aufgaben von Aktin erfordern auch eine unterschiedlich regulierte Aktindynamik an verschiedenen Positionen innerhalb der Zelle. Kortikale Filamente, die externe Stimuli wie Pathogene (Qiao *et al.*, 2010) erkennen, oder Filamente, die für den Auxinfluss von Bedeutung sind (Nick, 2010), müssen beispielsweise hoch dynamisch sein. Um den Nukleus während des Zellzyklus an seiner Position zu halten, müssen die Aktinfilamente hingegen stabil sein.

Die Auswertungen der Signal- und Kernpositionen nach Phalloidinzugabe zeigten, dass das Einwandern des Kerns in das Zellzentrum (prämitotische Kernpositionierung) beschleunigt, das Auswandern des Kerns (postmitotische Kernpositionierung) verzögert wird (Abb.4-3). Der Effekt von Phalloidin auf die prä- und postmitotische Kernpositionierung kann durch das folgende Modell, in dem der Kern an Aktinfilamenten „aufgehängt" ist, veranschaulicht werden (siehe Abb. 4-4, S. 75):

In der prämitotischen Zelle wird der Kern zunächst an der Peripherie gehalten (Abb. 4-4 A, S.75). Aufgrund der mechanischen Eigenschaften von Aktinkabeln ist nur ein Zug und kein Schub am Aktinfilament möglich (Campbell und Reece, 2008). Die Phalloidinzugabe verursacht eine Stabilisierung der Aktinfilamente (Dancker *et al.*, 1975; Schmit und Lambert, 1990), woran eine größere Zugkraft möglich ist und wodurch der Zellkern schneller in das Zellzentrum wandert. Die Migration in das Zellzentrum wird also über die größere Zugkraft an den durch Phalloidinzugabe stabilisierten Filamenten beschleunigt.

Die Kernmigration an den Zellrand wird bei postmitotischen Zellen unteranderem dadurch erzielt, dass das Aktinnetzwerk auf einer Seite hochdynamisch („gelockert") wird (Abb. 4-4 B, S.75). Die Aktinfilamente polymerisieren und depolymerisieren also auf einer Seite schneller als auf der anderen Seite, an der das Netzwerk stabil bleibt. Dadurch herrscht ein Gradient in der Aktindynamik. Auf der einen Seite, an der die Aktinfilamente stabil sind, kann der Kern an die Peripherie gezogen werden. Durch Zugabe von Phalloidin wird diese Asymmetrie der Aktindynamik jedoch gestört und die Aktinfilamente bleiben auf beiden Seiten stabil. Der Nukleus bleibt dadurch von stabilen Aktinfilamenten im Zellzentrum aufgespannt und kann sich nicht an die Peripherie bewegen, da an beiden Seiten die gleiche Zugkraft herrscht. Die Phalloidinzugabe kann demnach über die Veränderung der Aktindynamik die Migration an die Peripherie der Zelle verzögern.

Ferner wurde beobachtet, dass die Aktinfilamente des *nuclear baskets* bei mit Phalloidin behandelten Zellen im Vergleich zu unbehandelten Zellen stark gebündelt sind (Daten nicht gezeigt), wodurch das Einwandern des Kerns in das Zellzentrum gefördert werden könnte. Die Auxinzugabe verursachte hingegen dünne, entbündelte Filamente mit vielen Verzweigungen (Maisch und Nick, 2007), die das Einwandern des Zellkerns in das Zellzentrum erschweren, da ein Zug an den „dünnen" Aktinkabeln mechanisch weniger effektiv ist und nur eine geringe Zugkraft aufgebaut werden kann.

4.2.2.2 Myosininhibitoren blockieren das Verankern in prämitotischen Zellen und das Ziehen an den Aktinkabeln in postmitotischen Zellen

Welche Rolle das Aktin-Myosin-System bei der Kernbewegung spielt, wurde durch die Myosininhibitoren BDM und Blebbistatin untersucht. Die Auswertungen der Signal- und Kernpositionen zeigte, dass die Kernwanderung vor der Zellteilung beschleunigt und nach der Zellteilung verzögert wird (Abb. 4-3).

Die unterschiedlichen Effekte auf die prä- und postmitotische Kernbewegung kann durch das folgende Modell erläutert werden (Abb. 4-4):

In der prämitotischen Zelle wird der Kern durch Aktinfilamente über Myosine an der Peripherie festgehalten (Abb. 4-4 A) (Reichelt *et al.*, 1999). Durch Zugabe des Myosininhibitors BDM oder Blebbistatin wird die Verankerung der Aktinfilamente (AF) durch Myosine an der Membran gelöst. Die Zugabe der Myosininhibitoren beschleunigt durch das Loslösen der AF von der Zellwand die Kernmigration in das Zellzentrum.

Wenn der Nukleus postmitotischer Zellen im Zellzentrum ist, wird der Kern durch die myosingetriebene Bewegung über Aktinfilamente an den Rand gezogen (Abb.4-4 B). Sind die Myosine jedoch inhibiert, ist dies nicht mehr möglich und die Kernmigration an die Peripherie wird verzögert.

Der Effekt durch Myosininhibitoren auf die postmitotische Kernbewegung ist also ein anderer als auf die prämitotische Bewegung, was bedeutet, dass der Mechanismus der Kernbewegung vom Stadium der Zelle (prä- oder postmitotische Zelle) abhängig ist.

Zwei Faktoren, die in der Kernbewegung eine Rolle spielen, konnten durch Hemmstoffversuche identifiziert werden: Der Mechanismus der Kernbewegung ist abhängig vom Stadium der Zelle (prä- oder postmitotische Zelle) und zudem muss der Gradient in der Aktindynamik für eine intakte Kernwanderung aufrechterhalten werden.

Abbildung 4-4 Effekte von Phalloidin und Myosininhibitoren auf die prä- und postmitotische Kernbewegung

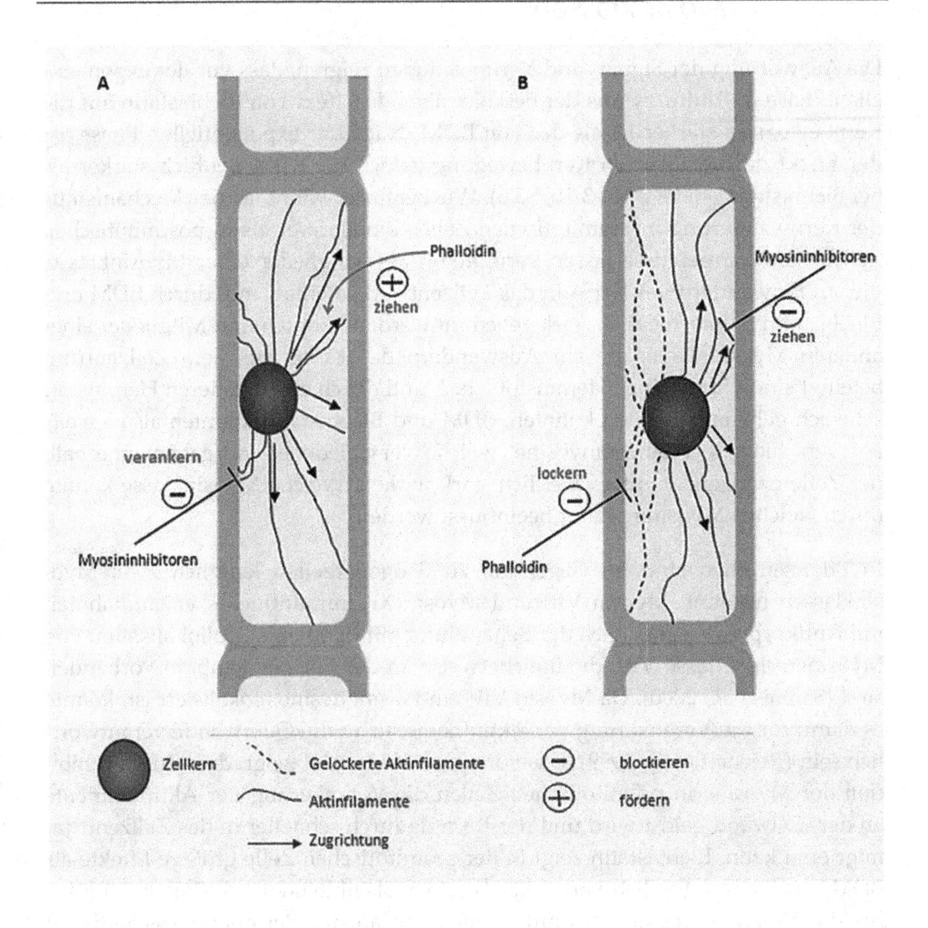

(A) Zellkern wird von der Peripherie zur Zellmitte bewegt, (B) Zellkern wird aus Zentrum an den Zellrand bewegt. Der Kern (dunkelgrau) ist an Aktinfilamenten (schwarz) aufgehängt. Hemmstoffe (Phalloidin und Myosininhibitoren) greifen in die aktinvermittelte Kernbewegung ein, indem sie hemmend (rot, minuszeichen) oder fördernd (grün, pluszeichen) auf einer Seite innerhalb der Zelle wirken.

4.2.3 BDM und Blebbistatin wirken bezüglich der Kernbewegung auf unterschiedliche Myosinklassen

Die Auswertung der Signal- und Kernpositionen zeigten, dass vor der exponentiellen Phase im Kulturzyklus der beschleunigende Effekt von Blebbistatin auf die Kernbewegung stärker ist als der von BDM. Nach der exponentiellen Phase, ist der Effekt der verzögerten Kernbewegung jedoch bei BDM deutlich stärker als bei Blebbistatin (siehe Abb. 3-10, S.56). Wie bereits erwähnt, ist der Mechanismus der Kernwanderung in prämitotischen Zellen ein anderer als in postmitotischen Zellen. Diese Ergebnisse lassen vermuten, dass Mitglieder einer Myosinklasse, die am Einwandern des Kerns in das Zellzentrum beteiligt sind, durch BDM und Blebbistatin unterschiedlich stark gehemmt werden könnten und Mitglieder einer anderen Myosinklasse, die am Auswandern des Kerns aus dem Zellzentrum beteiligt sind, durch einen Hemmstoff stark und durch einen anderen Hemmstoff schwach gehemmt werden könnten. BDM und Blebbistatin könnten also jeweils auf verschiedene Pflanzenmyosine, welche verschiedenen Aufgaben innerhalb der Zelle nachgehen, unterschiedlich stark wirken. Welche Myosinklasse könnte durch welchen Myosininhibitor beeinflusst werden?

In Pflanzenzellen sind im Gegensatz zu Säugetierzellen lediglich zwei Myosinklassen bekannt: Myosin VIII und Myosin XI. Immunfluoreszenzaufnahmen mit Antikörpern zeigten nach der Behandlung mit BDM eine Fehllokalisation von Myosinen der Klasse VIII, die üblicherweise an der Plasmamembran vorhanden sind (Samaj *et al.*, 2000). Da Myosin VIII am Plasmodesmos lokalisiert ist, könnte es damit für die Verankerung der Aktinfilamente an die Querwände verantwortlich sein (Reichelt *et al.*, 1999). Das vorherige Modell 4-4 zeigt, dass durch Inhibition der Myosine in prämitotischen Zellen die Verankerung der Aktinfilamente an der Zellwand gelöst wird und der Kern dadurch schneller in das Zellzentrum migrieren kann. Blebbistatin zeigt in der prämitotischen Zelle größere Effekte als BDM und könnte folglich verstärkt Myosin VIII inhibieren, welches vermutlich für die Verankerung der Aktinfilamente (AF) an der Peripherie zuständig ist (Abb.4-5 A).

Myosin XI höherer Pflanzen ist sehr wahrscheinlich verwandt mit Myosin V, welches am Organellentransport beteiligt ist (Sellers, 2000). Ergebnisse der Signalpositionen der postmitotischen Kernwanderung lassen vermuten, dass durch Myosininhibitoren der Zug am Zellkern nicht mehr stattfinden kann, weil bestimmte Myosine inhibiert sind (Abb.4-4). Diese Myosine könnten der Myosinklasse XI angehören, die den Transport von Organellen, wie den Kern, bewerkstelligen. BDM wirkt in postmitotischen stärker inhibierend als Blebbistatin. Für die postmitotische Kernbewegung könnte BDM stärker als Blebbistatin Myosin VIII hemmen, welches am Zug des Zellkerns beteiligt sein könnte (Abb.4-5 B).

Abbildung 4-5 Unterschiedliche Effekte von BDM und Blebbistatin auf die prä- und postmitotische Kernbewegung

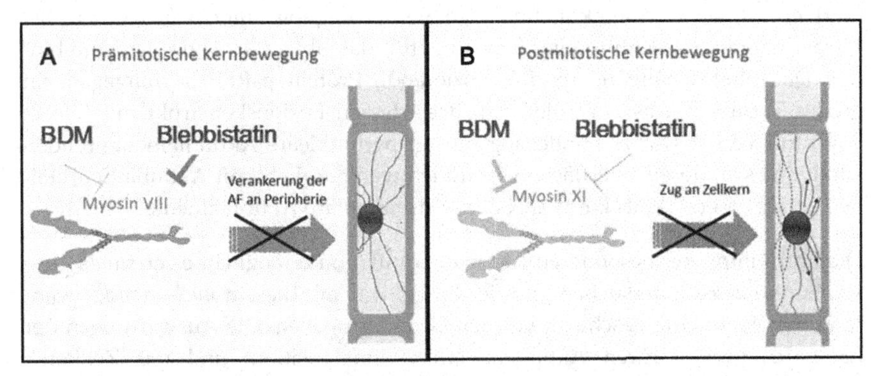

(A) Wirkung der Myosininhibitoren während der prämitotischen Kernbewegung auf Myosin VIII, welches für die Verankerung der Aktinfilamente (AF) verantwortlich ist. (B) Wirkung der Myosininhibitoren während der postmitotischen Kernbewegung auf Myosin XI, welches für den Zug am Zellkern verantwortlich ist. Dicker Pfeil: starke Hemmung durch BDM oder Blebbistatin; dünner Pfeil: schwache Hemmung.

Aufgrund von Studien von Holweg *et al.* (2003), die zeigten, dass BDM die Zellteilung blockiert, hätte man erwartet, dass der Kern durch BDM Zugabe lateral gelegen bleibt, wodurch eine Migration in das Zentrum nur verzögert möglich wäre. Dies war nicht der Fall. Der Grund für die blockierte Zellteilung kann also nicht direkt mit der verzögerten Kernmigration an die Zellperipherie in Verbindung gebracht werden und muss mit anderen Faktoren, wie die Hemmung der Bildung der Zellplatte, zusammenhängen.

4.3 Zusammenfassung

Die Masterarbeit befasste sich mit der Frage, wie die Zellpolarität nach der Zellteilung an die Tochterzellen weitergegeben wird und welche Rolle dabei der Kern und das an der Kernpositionierung und Verankerung des Kerns beteiligte Aktinnetzwerk spielt.

Unter Verwendung der transgenen BY-2 Lifeact::psRFP Tabakzelllinie, in der ausschließlich das perinukleäre Aktinnetzwerk, welches ein *nuclear basket* formt, markiert ist, konnte die aktinabhängige Kernbewegung untersucht werden. Bei Lifeact handelt es sich um ein kleines Peptid, das ubiquitär Aktinfilamente bindet. Das photoschaltbare, rot fluoreszierende Protein psRFP ist hingegen ein großes Tetramer, was zur Folge hat, dass dessen Fusionskonstrukt mit Lifeact aufgrund von sterischer Hinderung nur an perinukleäre Aktinfilamente binden kann, da es an deren Oberfläche vermutlich weniger dicht mit Aktinbindeproteinen (ABP) besetzt ist als kortikale oder transvakuoläre Aktinfilamente.

Die Enthüllung der besonderen Aktinsubpopulation ermöglicht es erstmals, dessen Funktion zu untersuchen und der Frage, was mit diesem *nuclear basket* während der Zellteilung geschieht, auf den Grund zu gehen. Die Auswertungen der Lage des perinukleären Aktinnetzwerks (Signalposition) und des Zellkerns (Kernposition) im ersten Teil der Masterarbeit zeigten, dass das *nuclear basket* als räumliches „Gedächtnis" für die prä- und postmitotische Positionierung des Kerns in das bzw. wieder aus dem Zellzentrum fungiert, indem es den Nukleus lateral festhält, bis die Zelle bereit zur Zellteilung ist (siehe Abb.4-3, S.71). Während der Teilung wird das perinukleäre Aktinnetzwerk um den Kern nicht abgebaut, sondern dehnt sich mit Wachstum des Kerns aus, reißt in der Mitte auseinander und umschließt dann die neu entstanden Tochterkerne von allen Seiten (siehe Abb.4-1, S.66). Nachdem sich die Zelle geteilt hat, wandert der Kern wieder an die Peripherie der Zelle, wo das *nuclear basket* erneut mit der Zellwand verankert wird (siehe Abb.4-3, S.71). Ist die Zelle nicht mehr teilungsfähig, wird das *nuclear basket* abgebaut, da es für die Kernpositionierung wahrscheinlich nicht mehr notwendig ist.

Während der Zellteilung bleibt das *nuclear basket* erhalten und wird gleichmäßig auf die neu entstandenen Tochterzellen aufgeteilt (siehe Abb. 4-1, S.66). Diese Beobachtung weist neben Studien von Durst *et al.* (2014) mit Lifeact::psRFP Protoplasten, bei denen das *nuclear basket* bestehen blieb, auf seine Funktion als „Polaritätsspeicher" hin, der die Richtungsinformation speichern und nach der Zellteilung den „Kompass" pflanzlicher Zellpolarität in den Tochterzellen regenerieren kann.

Das *nuclear basket* in Pflanzenzellen könnte ferner die Funktion der tierischen Lamina als stabilisierende Stützstruktur des Zellkerns übernehmen und als Verankerungspunkt für die Kernbewegung dienen. Die nukleäre Lamina, die sich unter der Kernmembran befindet, ist aus einem Netz aus Typ IV Intermediärfilamenten, den Laminen, aufgebaut (siehe Abb.4-2, S.68). Da Intermediärfilamente bisher nicht in Pflanzenzellen identifiziert worden sind, liegt die Vermutung nahe, dass das perinukleäre Aktinnetzwerk, welches das *nuclear basket* formt und den pflanzlichen Zellkern umgibt, eine solche Stützfunktion in Pflanzen übernehmen könnte.

Wie die Lage des *nuclear baskets* durch verschiedene Hemmstoffe manipuliert werden kann und welchen Einfluss Auxintransport, Aktindynamik und myosinabhängige Prozesse auf den Mechanismus der Kernwanderung haben, wurde im zweiten Teil der Arbeit durch Vergleich der Signal- und Kernpositionen mit den Ergebnissen der unbehandelten Lifeact::psRFP Linie bearbeitet (siehe Abb. 4-3, S.71).

Sowohl exogen zugeführtes Auxin (IAA, NAA, 2,4-D) als auch die Auxinakkumulierung, welche durch Hemmung des polaren Auxintransports durch Phytotropine (NPA, TIBA) verursacht werden kann, haben eine verzögerte Kernmigration zur Folge (siehe Abb.4-3, S.71). Die Inhibition der Zellteilung zeigte keinen Einfluss auf den Verlauf der Kernwanderung (siehe Anhang, S.87). Eine verzögerte Kernmigration kann jedoch zu einer Förderung der Zellteilung führen, indem der Zellkern länger im Zellzentrum gehalten wird, wodurch die Voraussetzung für die Zellteilung gegeben bleibt. Neben der Zellteilung könnte sich die verzögerte Kernbewegung auch auf die Synchronisierung der Teilung auswirken, die über den polaren Auxinfluss gesteuert ist.

Wie die Kernbewegung beeinflusst wird, wenn die Aktindynamik beeinträchtigt ist, konnte durch Zugabe von Phalloidin untersucht werden. Welche Rolle das Aktin-Myosin-System bei der Kernbewegung spielt, konnte durch Zugabe von Myosininhibitoren (BDM und Blebbistatin) gezeigt werden. Die Auswertungen der Signal- und Kernposition sowohl nach Phalloidinzugabe als auch nach Zugabe von Myosininhibitoren ergaben, dass die prämitotische Kernbewegung gefördert, die postmitotische Kernbewegung jedoch gehemmt wird (siehe Abb.4-3, S.70). Dies führte zu einem Modell, in dem zum einen ein unterschiedlicher Mechanismus in der Kernbewegung bei prä- und postmitotischen Zellen wirkt und zum anderen ein Gradient in der Aktindynamik durch hoch dynamische Aktinfilamente auf der einen Seite und stabile Aktinfilamente auf der anderen Seite der Zelle für eine intakte Kernbewegung benötigt wird (siehe Abb. 4-4, S.75).

Des Weiteren lassen die Auswertungen vermuten, dass die Zugabe von Blebbistatin während der prämitotischen Kernbewegung stark inhibierend auf Myosin VIII wirkt, welches wahrscheinlich für die Verankerung der Aktinfilamente an die Peripherie zuständig ist (siehe Abb.4-5 A, S.77). Während der postmitotischen Kernbewegung könnte hingegen BDM stärker als Blebbistatin Myosin XI inhibieren, welches am Zug des Zellkerns beteiligt sein könnte (Abb.4-5 B, S.77). Die Hemmung der Zellteilung durch Zugabe von BDM kann nicht mit der verzögerten Kernmigration aus dem Zellzentrum in Verbindung gebracht werden und muss mit anderen Faktoren, wie die Hemmung der Formierung der Zellplatte, zusammenhängen.

4.4 Ausblick

4.4.1 Biochemischer Ansatz

Wie sich die perinukleäre Aktinpopulation hinsichtlich ihrer Interaktion mit Aktinbindeproteinen (ABP) von anderen Subpopulationen unterscheidet, ist bis heute unklar.

Um herauszufinden, welche ABP an das perinukleäre Aktinnetzwerk binden, könnte sowohl das perinukleäre Netzwerk (*nuclear basket*) als auch das membrangebundene kortikale bzw. transvakuoläre Aktinnetzwerk aufgereinigt werden. Nach Isolierung und Anreicherung der ABP können die einzelnen Proteine qualitativ analysiert werden. Anhand biochemischer Untersuchungen (Western Blot) könnte geklärt werden, ob mehr ABP am kortikalen bzw. transvakuolären Aktin vorhanden sind als am perinukleären Aktin. Nach Auftrennung der Kandidatenproteine (beispielsweise mit SDS-PAGE) könnte anschließend eine weitere Identifizierung erfolgen (MALDI TOF).

4.4.2 Zellbiologischer Ansatz

Ergänzend zu der Analyse der perinukleären Aktinpopulation und deren Aktinbindeproteinzusammensetzung könnte in Zukunft die Organisation des Aktinnetzwerks im Fokus stehen. Die Auswertung der Signalpositionen nach Phalloidinzugabe lassen vermuten, dass die Aktinfilamente auf einer Seite schneller polymerisiert und depolymerisiert werden und damit dynamischer sein müssen als auf der anderen Seite der Zelle, an der die Aktinfilamente stabil sein müssen. Nur so ist eine größere Zugkraft auf stabile Aktinfilamente der einen Seite der

Zelle und damit eine Kernbewegung in eine Richtung möglich. Dies führt innerhalb der Zelle zu einem Gradienten in der Aktindynamik (siehe Abb.4-4, S.74).

Ziel einer weiterführenden Arbeit könnte sein, diesen Gradienten sichtbar zu machen und somit Einblicke in eine unterschiedliche Aktindynamik zu gewinnen. Photoaktivierbare, fluoreszente Proteine, die anhand von verschiedenen Anregungswellenlängen die Emissionswellenlänge ändern, wie mEos, könnten mit Lifeact fusioniert, in die Tabakzelllinie transformiert und anschließend die einzelnen Bereiche des Aktinnetzwerks markiert werden. Die Dynamik eines durch mEos (im photokonvertierten Zustand) markierten Bereichs auf einer Seite könnte mit einem markierten Bereich auf der anderen Seite unter dem Mikroskop verglichen werden.

Der Gradient in der Aktindynamik könnte durch die bereits genannte unterschiedliche Aktinbindeproteinzusammensetzung gebildet werden.

Wenn die ABP den Gradienten erzeugen, wäre der nächste Schritt, diese einzeln zu markieren. Photoaktivierbare fluoreszente monomere Proteine wie mEos oder mIRIS könnten mit ABP, wie beispielsweise mit dem Aktindepolymerisierungs Faktor 2 (ADF 2, Durst *et al.*, 2013), fusioniert und in die Tabakzelllinie transformiert werden. Damit könnten einzelne Proteine markiert und ihre Interaktion mit Aktinfilamenten verfolgt werden. Mit mIRIS ist es sogar möglich, die Bewegung einzelner, durch Photoaktivierung markierter Moleküle mittels hochauflösender Mikroskopie wie PALM sichtbar zu machen (Wiedenmann *et al.*, 2011).

Myosine sind für die aktinvermittelte Bewegung essenziell. Die Ergebnisse der Hemmstoffversuche zeigten, dass durch Myosinhemmstoffe das Ein- und Auswandern des Kerns in bzw. aus der Zellmitte gegensätzlich beeinflusst werden (siehe Abb. 4-4, S.74). Dies könnte darauf hinweisen, dass es sich um zwei unterschiedliche Mechanismen handelt, die den Prozess der Kernwanderung auf verschiedene Weise beeinflussen.

Ein Ansatz wäre, Myosine während der Kernwanderung sichtbar zu machen, indem Fusionskonstrukte aus verschiedenen pflanzlichen Myosinen bzw. fluoreszenten Proteinen hergestellt werden und diese dann transient oder stabil in die Tabakzelllinie zu transformieren. Anhand solcher Linien kann die Lokalisierung, die Interaktion mit Aktinfilamenten und die zelluläre Funktion dieser Myosine hinsichtlich der prä- und postmitotischen Kernwanderung beobachtet werden.

5 Literaturverzeichnis

Aebi U., Cohn J., Buhle L., Gerace L. (1986) The nuclear lamina is a meshwork of intermediate-type filaments, Nature, 232: 560-564

Alberts B., Johnson A., Lewis J., Raff M., Roberts K., Walter P. (2008) The cytoskeleton, The Cell, 5: 980-1052

Andresen M., Wahl M. C., Stiel A.C., Gräter F., Schäfer L. V., Trowitzsch S., Weber G., Eggeling C., Grubmüller H., Hell S. W., Jakobs S. (2005) Structure and mechanism of the reversible photoswitch of a fluorescent protein, PNAS, 102: 13070-13074

Baluska F., Cvrckova F., Kendrick-Jones J., Volkmann D. (2001) Sink plasmodesmata as gateways for phloem unloading: myosin VIII and calreticulin as molecular determinants of sink strength? Plant Physiology, 126: 39–46

Boruc J., Zhou X., Meier I. (2012) Dynamics of the plant nuclear envelope and nuclear pore, Plant Physiol, 158: 78–86

Campanoni P., Blasius B., Nick P. (2003) Auxin transport synchronizes the pattern of cell division in a tobacco cell line, Plant Physiol, 133: 1251-1260

Campbell N.A. und Reece J.B. (2008) Ein Rundgang durch die Zelle, Biologie, Pearson Studium, 6: 129-157

Chen J.G. (2001) Dual auxin signaling pathways control cell elongation and division, Journal of Plant Growth Regulation, 20: 255-264

Collings D.A. (2008) Crossed-wires: interactions and cross-talk between the microtubule and microfilament networks in plants, Nick P, ed. Plant microtubules, Berlin, Heidelberg: Springer Verlag, 47–79

Dancker P., Low I., Hasselbach W., Wieland T. (1975) Interaction of actin with phalloidin: polymerization and stabilization of F-actin, Biochem Biophys Acta, 400: 407–414

De Ruijter N.C.A. und Emons A.M.C. (1998) Actin-Binding Proteins in Plant Cells, Plant Biology, 1:26-35

Durst S. (2012) Actin, Auxin and Plant Patterning – The role of actin-binding proteins and superresolution microscopy in tobacco cells, Dissertation

Durst S., Hedde P.N., Brochhausen L., Nick P., Nienhaus G.U., Maisch J. (2014) Organization of perinuclear actin in live tobacco cells observed by PALM with optical sectioning, J Plant Physiol, 171: 92-108

Durst S., Nick P., Maisch J. (2013) Actin-Depolymerizing Factor 2 is Involved in Auxin Dependent Patterning, J Plant Physiol, 170: 1057-1066

Frey N., Klotz J., Nick P. (2010) A kinesin with calponin-homology domain is involved in premitotic nuclear migration, J Exp B, 61: 3423–3437

Fuchs J., Böhme S., Oswald F., Hedde P.N., Krause M., Wiedenmann J., Nienhaus G.U. (2010) A photoactivatable marker protein for pulse-chase imaging with superresolution, Nat. Methods, 7: 627-630

Gundel S., Kachalova G.S., Oswald F., Fuchs J., Bartunik H.D., Nienhaus G.U., Wiedenmann J. (2009) Photoswitchable red fluorescent protein psRFP, on-state, http://www.pdb.org/pdb/explore/explore.do?structureId=3CFF

Hightower R.C. und Meagher R.B. (1986) The molecular evolution of actin, Genetics, 114: 315-332

Holweg C., Honsel A., Nick P. (2003) A myosin inhibitor impairs auxin-induced cell division, Protoplasma, 222: 193-204

Jarosch R. (1960) Die Dynamik im Characeen Protoplasma, Phyton, 15: 43 - 66

Jeng R. L. und Welch M. D. (2001) Actin and endocytosis - no longer the weakest link, Current Biology, 9: 691-694

Kamiya N. (1986) Cytoplasmic streaming in giant algal cells: A historical survey of experimental approaches, Bot Mag, 99: 444 - 467

Karimi M., Inze D., Depicker A. (2002) Gateway vectors for Agrobacterium-mediated plant transformation, Trends Plant Sci, 7: 193-195

Karp G. (2005) Cytoskelett und Zellbewegungen, Molekulare Zellbiologie, 1: 419-489

Klotz J. und Nick P. (2012) A novel actin–microtubule cross-linking kinesin, NtKCH, functions in cell expansion and division, New Phytologist, 193: 576–589

Kovács M., Tóth J., Hetényi C., Málnási-Csizmadia A., Sellers J. R. (2004) Mechanism of Blebbistatin Inhibition of Myosin II, the journal of biological chemistry, 297(34): 35557-35563

Kropf D.L., Bisgrove S.R., Hable W.E. (1998) Cytoskeletal control of polar growth in plant cells, Current Opinion in Cell Biology 10: 117-122

Leduc C., Padberg-Gehle K., Varga V., Helbing D., Diez S., Howard J. (2012) Molecular crowding creates traffic jams of kinesin motors on microtubules, Proc Natl Acad Sci USA, 109: 6100-6105

Li J.F. und Nebenführ A. (2008) The tail that wags the dog: The globular tail domain defines the function of myosin V/XI, Traffic, 9: 290–298

Lloyd C. W. (1991) Cytoskeletal elements of the phragmosome establish the division plane in vacuolated plant cells, The cytoskeletal basis of plant growth and form, Academic press, London, England, 245–257

Lomax T.L., Muday G.K., Rubery P.H. (1995) Auxin transport, Davies PJ, ed. Plant Hormones: Physiology, Biochemistry and Molecular Biology, Kluwer Academic Publishers, Dordrecht, Niederlande, 509-30

Maisch J. (2007) Auxin, Actin, and Polar Patterning in Tobacco Cells, Dissertation

Maisch J. und Nick P. (2007) Actin is involved in Auxin-Dependent Patterning, Plant Physiology, 143: 1695–1704

Marchant A., Kargul J., May S.T., Muller P., Delbarre A., Perrot-Rechenmann C., Bennett M.J. (1999) AUX1 regulates root gravitropism in Arabidopsis by facilitating auxin uptake within root apical tissues, EMBO J, 18: 2066-2073

Masuda Y., Takagi S., Nagai R. (1991) Protease-sensitive anchoring of microfilament bundles provides tracks for cytoplasmic streaming in Vallisneria, Protoplasma, 162: 151 - 159.

Mayer Y. und Herth W. (1987) Chemical Inhibition of Cell Wall Formation and Cytokinesis, but not of Nuclear Division, in Protoplasts of Nicotiana tabacum L. Cultivated In Vitro, Planta,142: 253-262

Morris D.A., Friml J., Zažímalová E. (2004) The transport of auxin. In PJ Davies, ed, Plant hormones: biosynthesis, signal transduction, action. Kluwer, Dordrecht, 437-470

Munnik T., Arisz S.A., De Vrije T., Musgravea A. (1995) G Protein Activation Stimulates Phospholipase D Signalling in Plants, The Plant Cell, 7: 2197-210

Murashige T. und Skoog F. (1962) A revised medium for rapid growth and bioassays with tobacco tissue cultures, Physiol Plant, 15(3): 473-497

Murata T. und Wada M. (1991) Effects of centrifugation on preprophase-band formation in Adiantum protonemata, Planta 183(3): 391-398

Nagata T. und Amino S. (1996) Caffeine-Induced Uncoupling of Mitosis from DNA Replication in Tobacco BY-2 Cells, J Plant Res, 109: 219-222

Nagata T., Hasezawa S., Inzé D. (2004) Synchronization, Tobacco BY-2 Cells, Biotechnology in Agriculture and Forestry, Springer-Verlag Berlin Heidelberg, 53: 83

Nagata T., Nemoto Y., Hasezava S. (1992) Tobacco BY-2 cell line as the "Hela" cell in the cell biology of higher plants, International Review Cytology, 132: 1–30

Nick P. (2006) Noise Yields Order – Auxin, Actin, and Polar Patterning, Plant Biology, 8: 360-370

Nick P. (2010) Probing the actin-auxin oscillator, Plant Signaling & Behavior, 5: 1-5

Qiao, F., Chang, X., Nick P. (2010) The cytoskeleton enhances gene expression in the response to the Harpin elicitor in grapevine, J Exp Bot, 61: 4021-4031

Ostap E. (2002) 2,3-Butanedione monoxime (BDM) as a myosin inhibitor, J Muscle Res Cell Motil, 23: 305–308

Reichelt S., Knight A.E., Hodge T.P., Baluska F., Samaj J., Volkmann D., Kendrick-Jones J. (1999) Characterization of the unconventional myosin VIII in plant cells and its localization at the post-cytokinetic cell wall, Plant Journal, 19: 555–567

Riedl J., Crevenna A. H., Kessenbrock K., Haochen Yu J., Neukirchen D., Bista M., Bradke F., Jenne D., Holak T.A., Werb Z., Sixt M., Wedlich-Soldner R. (2008) life-act: a versatile marker to visualize F-actin, Nature Methods, 4: 605-607

Ritchie S. und Gilroy S. (2000) Abscisic acid stimulation of phospholipase D in the barley aleuron is G-protein-mediated and localized to the plasma membrane, Plant Physiol, 124: 693–702

Samaj J., Peters M., Volkmann D., Baluška F. (2000) Effects of myosin ATPase inhibitior 2,3-butanedione 2-monoxime on distributions of myosins, F-actin, mi-crotubules, and cortical endoplasmic reticulum in maize root apices, Plant Cell Physiol, 41: 571–582

Sano T., Higaki T., Oda Y., Hayashi T., Hasezawa S. (2005) Appearance of actin microfilament twin peaks in mitosis and their function in cell plate formation, as visualized in tobacco BY-2 cells expressing GFP-fimbrin, Plant J, 44: 595–605

Schmit A.C., Lambert A.M. (1990) Microinjected fluorescent phalloidin in vivo reveals the F-actin dynamics and assembly in higher plant mitotic cells, Plant Cell, 2: 129–138

Schwann T. (1839) Mikroskopische Untersuchung über die Uebereinstimmung in der Struktur und dem Wachsthum der Thiere und Pflanzen, Sander, Berlin, Deutschland

Sellers J.R. (2000) Myosins: a diverse superfamily, Biochim BiophysActa, 1496: 3–22

Shaner N.C., Patterson G.H., Davidson M.W. (2007) Advances in fluorescent protein technology, Journal of Cell Science, 120: 4247-4260

Shimmen T., Ridge R.W., Lambiris I., Planzinski J., Yokota E., Williamson R.E. (2000) Plant myosins, Protoplasma, 214: 1–10

Steinmann T., Geldner N., Grebe M., Mangold S., Jackson C.L., Paris S. (1999) Coordinated polar localization of auxin efflux carrier PIN1 by GNOMARFGEF, Science, 286: 316-8

Ullah H., Chen J.G., Temple B., Boyes D.C., Alonso J.M. ,Keith R.D. (2003) The β-subunit of the Arabidopsis G-protein negatively regulates auxin-induced cell division and affects multiple developmental processes, Plant Cell, 15: 393-409

Vöchting H. (1878) Über Organbildung im Pflanzenreich, Max Cohen, Tübingen

Wang Z. und Pesacreta T.C. (2004) A subclass of myosin XI is associated with mitochondria, plastids, and the molecular chaperone subunit TCP-1alpha in maize, Cell Motil Cytoskeleton, 57: 218–232

Warpeha K.M.F., Hamm H.E., Rasenick M.M., Kaufman L.S. (1991) A bluelight-activated GTP-binding protein in the plasma membranes of etiolated peas, Proc Natl Acad Sci USA, 88: 8925–8929

Wasteneys G.O. und Galway M.E. (2003) Remodeling the cytoskeleton for growth and form: an overview with some new views, Annual Review of Plant Biology, 54: 691–722

Wiedenmann J. und Nienhaus G.U. (2006) Live-Cell Imaging with EosFP and other photoactivatable marker proteins of the GFP family, Expert Rev Proteomics, 3: 361-374

Wiedenmann, J., Gayda, S., Adam, V., Oswald, F., Nienhaus, K., Bourgois, D., Nienhaus, G.U. (2011) From EosFP to mIrisFP: structure-based development of advanced photoactivatable marker proteins of the GFP-family, J Biophot, 4: 377-390

Wu W.H. und Assmann S.M. (1994) A membrane-delimited pathway of G-protein regulation of the guard-cell inward K1 channel, Proc NatlAcad Sci USA, 91: 6310–6314

Yokota E. und Shimmen T. (1994) Isolation and characterization of plant myosin from pollen tubes of lily, Protoplasma, 177: 153-162

Zaban B., Maisch J., Nick P. (2013) Dynamic actin controls polarity induction de novo in protoplasts, J Integr Plant Biol, 55: 142–59

Zimmer A., Lang D., Richardt S., Frank W., Reski R., Rensing S.A. (2007) Dating the early evolution of plants: detection and molecular clock analyses of orthologs, Mol Genet Genomics, 278: 393–402

6 Anhang

Die Masterarbeit in digitaler Form (.pdf-Datei sowie die .avi-Dateien der Langzeitaufnahmen) sind auf beigelegter CD zu finden.

6.1 Sequenz und Vektor des Lifeact::psRFP Konstrukts

Lifeact-psRFP (750 bp)

ATGGGAGTAGCAGATCTAATCAAGAAATTCGAGAGCATAAGCAAAGAGG
AGCTCGAGGCTTCCCTGTTAACCGAAACTATGCCCTTTCGCATGACCATG
GAAGGGACGGTTAATGGCCACCACTTCAAATGTACAGGAAAAGGAGAGG
GCAACCCATTTGAGGGTACGCAGGACATGAAGATAGAGGTCATCGAAGG
AGGTCCTCTGCCATTTGCCTTCGACATTCTGTCAACGAGTTGTATGTACGG
TAGTAAGACCTTCATCAAGTACGTGTCAGGAATTCCAGACTACTTCAAGC
AGTCTTTCCCTGAAGGTTTTACTTGGGAAAGAACCACAACCTACGAGGAT
GGAGGCTTTCTTACAGCTCATCAGGACACAAGCCTAGATGGAGATTGCCT
CGTTTACAAGGTCAAGATTCTTGGTAATAATTTTCCTGCTGATGGCCCCGT
GATGCAGAACAAAGCAGGAGGATGGGAGCCAGGCTGCGAGATACTTTAT
GAAGTTGACGGTGTCCTGTGTGGACAGTCTTTGATGGCCCTTAAGTGCCCT
GGTGGTCGTCATCTGAATTGCCGTCTCCATACTACTTACAGGTCCAAAAA
ACCAGCTAGTGCCTTGAAGATGCCAGAATTTCATTTTGAAGATCATCGCA
TCGAGGTGAAGGAAGTACAGAAAGGCAAGCACTATGAACAGTACGAAG
CAGCAGTGGCCAGGTACTGTGATGCTGCTCCATCCAAGCTTGGACATCAC
TAA

Abbildung 6-1 pH7WG2 LA-psRFP Vektor

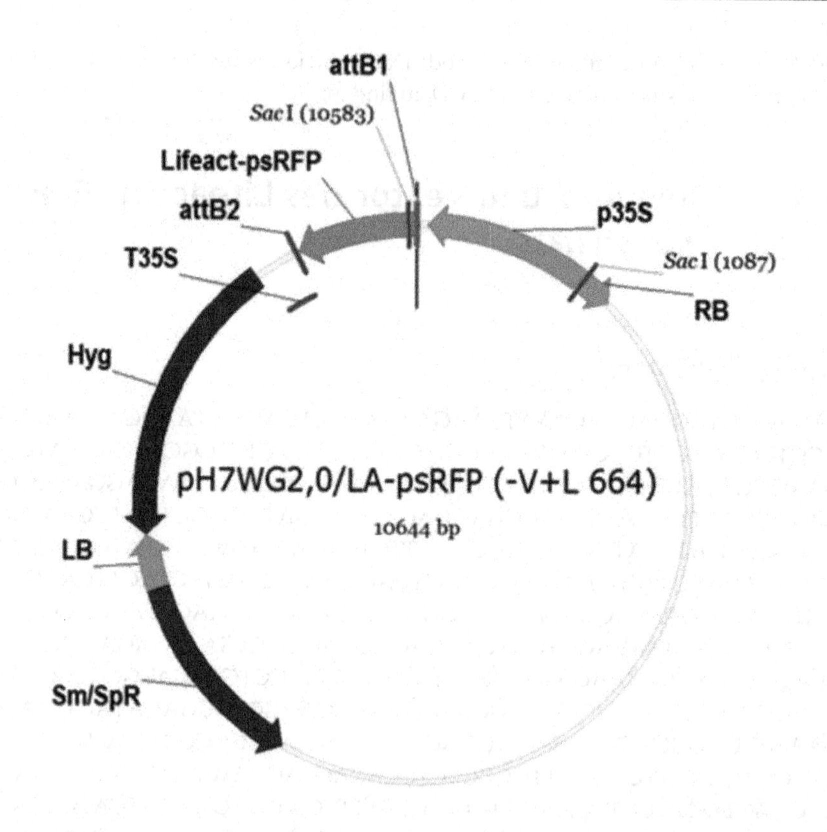

Zunächst wurde die Sequenz der codierenden Gene über PCR mithilfe von oligonukleotide Primer mit Gatewayspezifischen Flanken (attB1-Lifeact-pa-RP) amplifiziert. Anschließend wurde die Genregion in den binären Vector pH7WG2 (Karimi *et al.*, 2002) gebracht (Durst, 2012).

H: Hygromycinresistenz in der Pflanze, 7: t35S Terminator, WG: attR2, ccdB, attR1 Orientierung, 2: p35S Promotor

6.2 Weitere Hemmstoffe

Zusätzlich zu den in der Arbeit genannten Hemmstoffen wurden Inhibitoren, welche die Aktindynamik (Latrunculin B und Cytochalasin D), Mikrotubuli (Oryzalin) und die Zellteilung (2-Butanol, Caffein, Pertussistoxin [PTX]) beeinflussen, verwendet. Aufgrund des geringen Effekts auf die Signalposition sind diese im Anhang aufgeführt.

Tabelle 6-1 zeigt die eingesetzten Hemmstoffe, deren verwendeten Stammlösungen und Endkonzentrationen. Die weiteren Hemmstoffe wurden in folgende Hemmstoffgruppen unterteilt: Zur zweiten Hemmstoffgruppe wurde Latrunculin B und Cytochalasin D eingeordnet (Tab. 6-1 braun und beige markiert), die vierte Hemmstoffgruppe stellt die Mikrotubulihemmstoffe dar (Tab.2-1 Oryzalin, türkis markiert), die letzte Gruppe bilden die Zellteilungsininhibitoren (Tab. 6-1 lila markiert). Alle Hemmstoffe wurden von Sigma-Aldrich (Steinheim, Deutschland) bezogen.

Die Hemmstoffzugabe erfolgte wie in Abschnitt 2.3, S.19 beschrieben.

Tabelle 6-1 Übersicht der weiteren Hemmstoffe

Hemmstoff-gruppe	Hemmstoff	Konzentration	Stamm-lösung
Zu 2|	Latrunculin B (LatB)	75 nM	2,5 mM in 96 % (v/v) EtOH
Aktindynamik	Cytochalasin D (CytD)	1 µM	20 mM in DMSO

4| Mikrotubuli-hemmstoffe	Oryzalin	50 nM	1 mM in DMSO
5| Zellteilungs-inhibitoren	Caffein	250 μM	50 nM in Methanol
	Pertussistoxin (PTX)	5 ng/ml	1 μg/ ml in DMSO
	2-Butanol	0,05 %	9,99 %

Abbildung 6-2 Auswertung der Signalpositionen weiterer Hemmstoffe im Vergleich zur unbehandelten Kontrolle

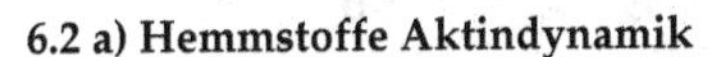

6.2 a) Hemmstoffe Aktindynamik

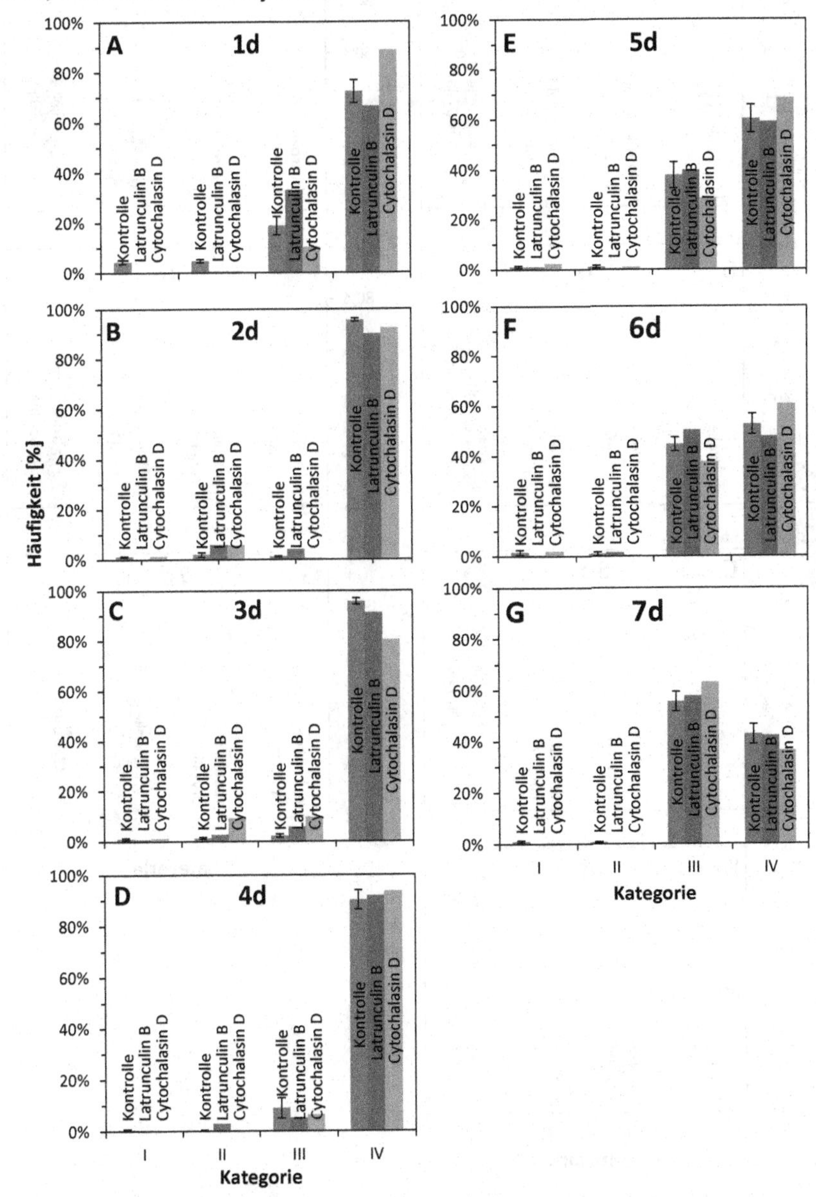

6.2 b) Hemmstoffe Mikrotubuli

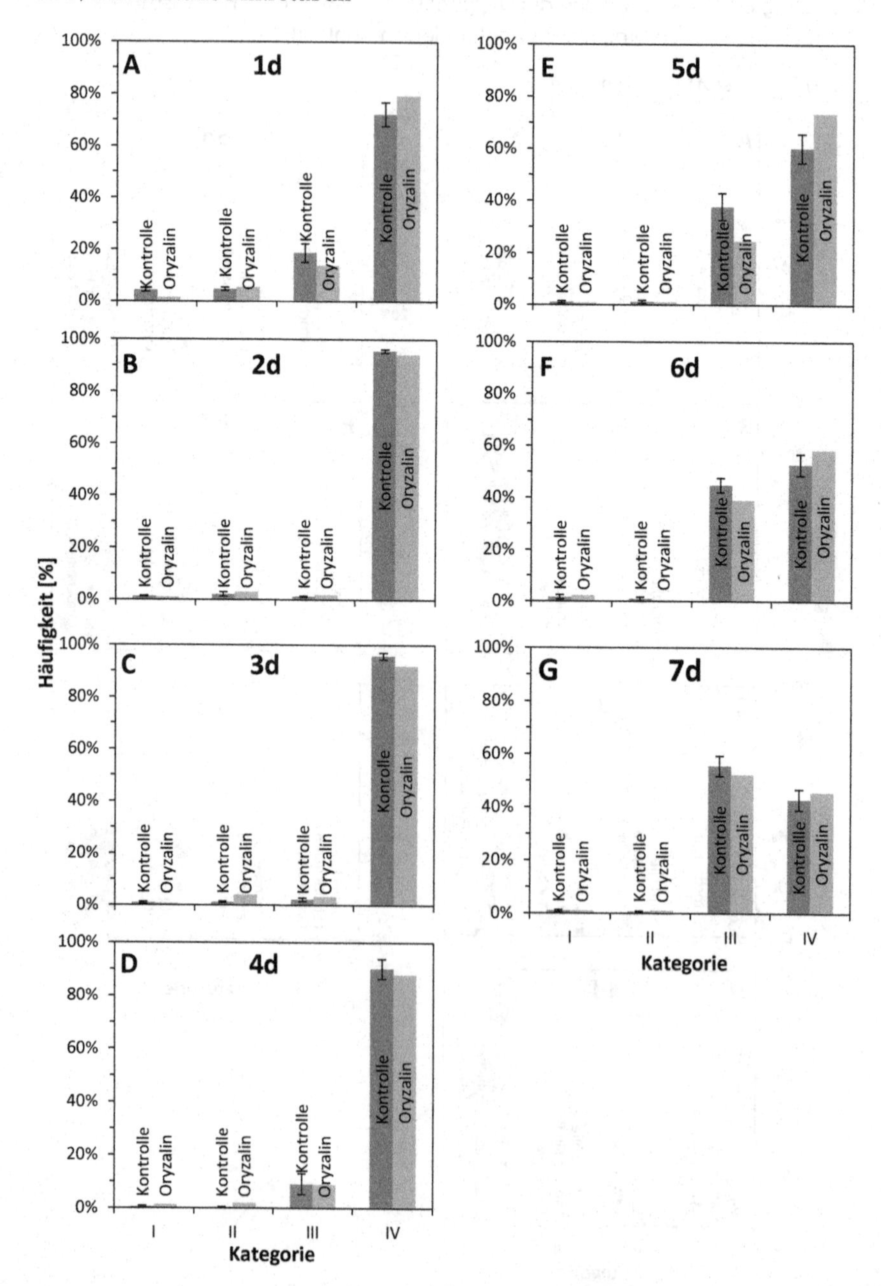

6.2 c) Hemmstoffe Zellteilung

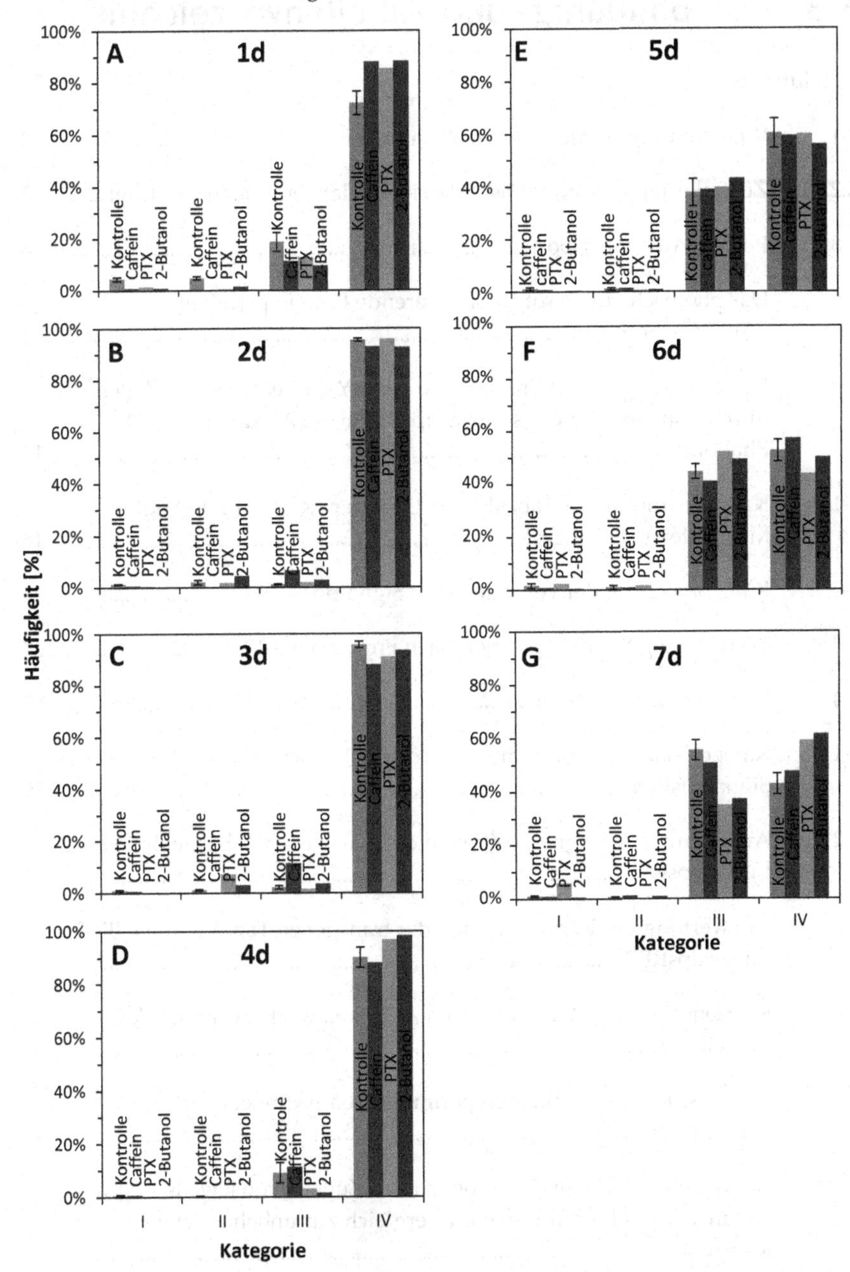

6.3 Abbildungs- und Tabellenverzeichnis

Abbildungen

Tabellen